三角网层析成像方法及应用

Triangle Network Tomography Method and Application

于师建　刘润泽　著

山东省自然科学基金项目资助(编号：ZR2011DM014)
国家自然科学基金项目资助(编号：51274135)
“矿山灾害预防控制”省部共建国家重点实验室培育基地资助

科学出版社
北　京

内 容 简 介

针对复杂二维区域的特点、地球物理正反演的要求，遵循 Delaunay 三角剖分优化准则，研究了二维复杂区域的三角剖分算法，并给出了数值模拟实验结果。在复杂区域三角剖分算法的基础上，研究了二维复杂区域三角网射线追踪全局算法及算例。采用 SIRT 算法实现了基于三角网射线追踪二维复杂结构层析成像，并给出了在煤层底板破坏带进行深度超声波探测和复杂边界混凝土结构超声波检测的试验研究成果。

本书可供地球物理专业高等院校师生和从事相关领域研究的科研人员参考使用。

图书在版编目(CIP)数据

三角网层析成像方法及应用＝Triangle Network Tomography Method and Application/于师建，刘润泽著. —北京：科学出版社，2014. 6

ISBN 978-7-03-041015-3

Ⅰ. 三… Ⅱ. ①于…②刘… Ⅲ. ①三角网-层析成像-研究 Ⅳ. ①P315. 01

中国版本图书馆 CIP 数据核字(2014)第 124145 号

责任编辑：耿建业　刘翠娜 / 责任校对：李　影

责任印制：徐晓晨 / 封面设计：无极书装

科学出版社出版

北京东黄城根北街 16 号

邮政编码：100717

http://www.sciencep.com

北京厚诚则铭印刷科技有限公司 印刷

科学出版社发行　各地新华书店经销

*

2014 年 6 月第 一 版　开本：720×1000 B5

2020 年 1 月第三次印刷　印张：11　插页：4

字数：230 000

定价：60. 00 元

(如有印装质量问题，我社负责调换)

前　言

层析成像的英文 tomography 源于希腊语 to-mos，本意是断面或切片。所谓层析成像就是依据在物体外部观测到的数据建立物体截面的图像。层析成像最先用于医学，随后拓展到其他领域。地球物理领域内层析成像主要研究如何利用弹性波(声波、地震波)、电磁波或其他场的数据对地球内部成像。从层析的意义上看，沿射线路径传播的信号累加了模型的某些性质，如慢度、衰减等，当多道射线路径从许多方向上传到该模型时，就可以提供足以重建该模型的信息。

层析成像是典型的地球物理反演问题，主要涉及以下三个方面的问题。

(1) 模型参数化。模型参数化可分为两类：一类是“不分块”的参数化，不对模型进行离散化，反演完全在泛函空间中进行，只是在最后计算想要的截面时采取离散化；另一类是离散化的模型参数化，目前采用的大都是离散化的模型参数化。离散化模型一般采用的是规则的矩形网模型，而目前三角网剖分也主要是在矩形网基础上简单的三角化。规则网剖分没有充分考虑区域复杂边界，也未将射线密度、介质特性与网格大小有机结合起来，难以满足复杂结构的正反演要求。

(2) 正演(射线追踪)。射线追踪技术是弹性波场正反演的重要研究内容，基于射线运动学原理，针对不同的应用条件，人们已提出和研究了许多射线追踪方法。传统的射线追踪方法，通常意义上包括初值问题的试射法和边值问题的弯曲法，随后发展的包括：基于程函方程的有限差分法；基于程函方程、Fermat 和 Huygens 原理的波前重构法；基于哈密顿系统的射线辛几何算法；基于图论、Fermat 和 Huygens 原理的最短路径(最小走时)算法等。然而，目前的许多研究所采用的参数化模型大多基于矩形网，矩形网虽然可以给计算带来方便，却不能有效描述介质的内部结构、外部边界，如“工”字形外部特征，溶洞、断层、夹层等内部结构，从而不可避免地降低了计算精度和效率。克服矩形网速度间断面描述精度差的重要措施是采用不规则网对模型参数化，如三角网、四边形网，或三角形和四边形的混合网。

(3) 反演。通过正演计算，可以得到关于震源和介质参数的观测方程式：$d=g(m)$，其中 d 为数据，m 为模型，g 为已知的广义映射算子(包括域内边界及初值等各类情形)。d、m 和 g 随物理问题的不同可以是标量、矢量或张量。

反演的目的就是通过求解观测方程来获得模型参数。弹性波层析成像反演方法可以通过逐次线性化反演来实现，即可归结为求解一个大型的、稀疏的、常常是病态的线性方程组。反演方法通常分为两类：第一类是基于算子的线性或拟线性反演方法；第二类是基于模型的完全非线性反演方法。目前，比较流行和通用的算法是 ART、SIRT 和 LSQR 法。

综上所述，近年来弹性波层析成像方法呈现以下的发展趋势：①针对实际结构，采用更加合理的模型参数化方法研究；②不规则网的射线追踪正演研究；③不规则网的迭代反演算法以及非线性的反演算法研究。对此，在山东省自然科学基金项目（ZR2011DM014）资助下，开展了三角网射线追踪算法及层析成像研究。为了各界同行共勉，特将研究和应用成果著成此书。本书共分 6 章，第 1 章概述了层析成像的发展历史和常见的几种图像重建算法；重点分析了目前声波、地震波射线追踪算法的发展现状，指出了开展三角网射线追踪研究的意义。第 2 章围绕二维复杂区域的三角剖分，根据剖分区域点、线、面的拓扑关系，遵循 Delaunay 三角剖分的优化准则实现了适合复杂二维区域特点、地球物理正反演要求的三角网剖分算法，并且在生成节点和网格的同时，考虑了密度控制函数，实现了自适应功能。第 3 章研究复杂结构三角网射线追踪全局算法，首先定义了三角单元射线追踪的拓扑关系及相关概念；其次从波前邻域点最小走时计算及相应次级源的选定、波行面扩展和波传播路径的向源检索三个方面论述了节点次级源近似全局算法；最后给出了三种不同类型模型的射线追踪结果。第 4 章叙述声波层析成像的基本理论，讨论了基于三角网的射线层析成像图像重建技术。对不规则区域内含有薄板低速子域和圆状低速子域的复杂结构模型进行了层析反演数值模拟，详细给出了 7 次迭代过程的射线追踪结果和层析反演速度分布结果。第 5 章首先给出大透距声波探测仪的系统组成、性能指标及大功率超磁声波换能器的结构和特点；其次详细叙述了仪器采集系统的信号采集、显示及信号处理等各项操作功能；最后给出了在顶煤厚度探测和大跨度混凝土结构无损检测中的应用实例。第 6 章给出声波层析成像技术在煤层底板破坏深度探测和复杂边界混凝土结构缺陷检测的试验研究成果。

书中的部分素材来源于作者的博士学位论文，特别向作者的导师——哈尔滨工业大学刘家琦教授表示衷心的感谢。

由于作者水平有限，书中难免有不足之处，敬请读者批评指正。

于师建　刘润泽

2014 年 3 月于青岛

目　　录

第1章 绪　　论

岩体声波探测是利用声波作为信息的载体，测量声波在岩体内传播的波速、振幅、频率、相位等特征，来研究岩体的物理力学性质、构造特征及应力状态的方法。

声波是指频率在20～20000Hz的机械波，低于20Hz称为次声波，高于20000Hz称为超声波，应用于工程地质领域的声波测试，声波频率范围既包括声波又包括超声波。

声波频率高、波长短，因而分辨率很高，对于岩石的若干微观结构也能有反应，但由于岩石对高频声波的吸收、衰减和散射比较严重，存在探测范围小的缺点。虽然如此，声波探测具有分辨率高、简便、快速、经济，便于重复测试，并且对岩体是无损检测等突出的优点，已成为工程地质及地下工程中的一种重要测试手段。

根据声源的不同，岩体声波探测可分为主动测试和被动测试两种方法。在主动测试中，声波由人工激发，如波速测定；在被动测试中，声波是岩体遭受自然界或其他力的作用时，在变形或破裂过程中，由岩体自身产生，如声发射。

国外早在20世纪60年代末期，已将声波测试技术用于岩体探测，以研究岩石的力学性质、岩石裂隙的状况，并且利用声波全息技术，得到岩体内部的立体照片。自20世纪70年代以来，我国水电、铁路、煤炭、石油及建筑等部门的勘测设计和施工中，越来越广泛地应用声波技术进行岩体现场测定，取得了一些重要成果。

目前岩体声波探测主要解决的问题有：岩体的工程地质分类；确定巷道围岩松动圈的范围，为合理设计锚杆长度、喷浆或衬砌厚度提供依据；测定岩体物理力学参数，包括动弹性模量、泊松比、强度估计等；工程注浆效果检测；煤柱、岩柱稳定性评价；混凝土探伤及强度检测；冻结法凿井时，冻结壁厚度的检测；断层、裂隙、裂缝、软弱夹层及溶洞等地质异常的研究；地应力测试；冲击地压、煤与瓦斯的突发事件及地震灾害的预报等。声波层析成像技术的推广应用极大地提高了在工程地质探测方面的应用效果，其探测分辨率和准确度得到了大幅度提高。

由于实际工程地质探测的特殊性，要求在尽量大的范围内探测规模很小的异常体。例如，在矿井采场顶板或底板破坏裂隙带声波探测中，要求精确地探测出采动前顶板或底板岩层原生裂隙或裂缝的发育情况、采动后新生裂隙或裂缝的发育情况，以准确地确定采后顶板或底板岩层的破坏范围；广泛应用于建筑和桥梁的灌注桩、承载桩，大型水利水电枢纽工程以及港口码头基础水泥混凝土结构的尺度较大，通常为几米到十几米。在水泥混凝土中，特别是在大尺度水泥混凝土结构的浇筑过程，由于存在骨料级配、水泥混凝土配合比设计、和宜性欠佳、搅拌不均及浇筑离析等方面的问题，水泥混凝土结构物可能产生蜂窝状疏松区、麻面、孔洞、缝隙夹层、缩颈等结构整体性不良的缺陷，而这些缺陷分布无规律性且尺度较小。为了提高探测的分辨率，要求在较高振动频率的前提下尽量提高探测距离。

一方面，由于工程地质探测现场条件的复杂性，所探测研究对象的外部几何形状大部分情况下是不规则的形状；内部地质异常体在空间结构上更加复杂，有的呈不规则柱状体（如溶洞、陷落柱等），有的呈条带状（如断层、裂缝等），有的呈层状（如软弱夹层等）。这就要求层析成像方法应满足复杂结构体的高分辨率探测。

尽管声波层析成像技术在理论研究、探测设备、数学和物理模拟实验、层析成像算法、现场实测研究等方面都取得了很大的发展，但为了实现满足现场实际需要的高分辨率声波层析成像效果，必须在探测仪器和层析成像方法上均有所创新，以适应复杂结构体的高分辨率探测。

1.1 声波射线层析成像发展概况

计算机层析成像（computerized tomography，CT）是依据在物体外部观测到的数据建立物体截面的图像，也叫计算机辅助断层成像技术。断层成像的概念最早由挪威物理学家 Abel 发表于 1826 年，其研究对象是轴对称的物体。1917 年，奥地利数学家 Radon 发展了 Abel 的思想，使得成像对象扩充到任意形状的物体。Allen Cormack 于 1963 年首先提出了采用多方向投影重建断层图像的计算方法。1968 年英国 EMI 公司中央研究所工程师 Hounsfield 研制出了检查头颅用的 CT 装置，并申请获得了英国专利，Hormack 和 Hounsfield 也因此共同获得 1979 年的诺贝尔医学奖。地球物理领域内层析成像主要研究如何利用地震波、电磁波或其他场的数据对地球内部成像，其理论基础是 Radon 变换：

$$u(\rho,\theta)=\int_L f(x,y)\mathrm{d}s$$

式中，$f(x,y)$ 称为图像函数；$u(\rho,\theta)$ 为投影函数；θ 为入射波方向；ρ 为观测点位置。

1917 年数学家 Radon 证明：已知所有入射角 θ 的投影函数 $u(\rho,\theta)$ 可以唯一地恢复图像函数 $f(x,y)$。从层析的意义上看，沿射线路径传播的信号累加起来了模型的某些性质，如慢度或慢度异常、衰减等，当多道射线路径从许多方向上传经了该模型时，就可以提供出足以重建出该模型的信息。

层析成像技术可以应用多种能量波和粒子束，如 X 射线、γ 射线、电子、中子、质子、红外线、射频波、超声波等。当层析成像应用的能量波为声波时，则称为声波层析成像技术。

应用地球物理领域对层析成像的研究开始于 20 世纪 70 年代初，Bois 等[1] 和 Laporte[2] 利用井下—地面、地面—井下以及井间地震观测的三维地震数据来获取砂体性质。80 年代初期，海湾石油公司与美国加州大学合作利用地震反射数据重建地下速度结构，在 1984 年亚特兰大第 45 届 SEG(Society of Exploration Geophysicists)年会上公布了地震层析成像的研究成果，以 Daily[3]、Somerstein[4]、Pratt 和 Worthington[5]、Bishop[6] 的研究为代表，利用人工地震发射与接收系统的地震层析成像理论、方法和技术以数值模拟的形式得到深入、广泛的研究。此后地震和声波层析成像应用领域不断扩展，在资源勘探、工程勘查、环境保护、文物调查、防灾减灾、无损检测等许多应用领域都得到实验性研究并取得有效的进展[7~24]。

从声波的运动学和动力学特征出发，声波方法可分为两大类：一类是基于几何光学或射线方程的射线层析成像；另一类是基于波动方程的波形层析成像。当被探测介质中异常体的线性尺度大于地震波长时，射线层析成像是适用的；而当被探测介质中异常体的线性尺度与地震波长相近时，衍射和散射起主导作用，射线理论的成像方法不再适用，必须采用波动方程层析成像方法[25]。

射线层析成像从直射线层析成像方法[26] 发展到弯曲射线层析成像方法[27~29]；反演方法由最小二乘法发展到各种约束条件下的阻尼最小二乘法[27~31] 以及统计法[32]。衍射层析成像是波动方程层析成像的一次近似，它利用了波场的振幅和相位，与射线层析成像相比，衍射层析成像提高了分辨率，可以减少由有限观测角所造成的假象[33~35]。目前衍射层析成像大多只用于均匀的背景介质，变背景的比较少[35~38]。散射层析成像方法是广义

Radon变换的一级近似逆。它可用于不均匀的背景介质。散射层析成像方法在已知准确的背景速度分布时可以给出分辨率很高的成像结果,但在不能给出准确背景速度场时效果较差[39,40]。波形层析成像方法利用全波场信息,更能正确地反演地下的真实介质模型。目前波形层析成像已有了较多研究[41~48],主要集中在弹性介质声波方程和弹性波方程的速度单参数反演。波形反演存在的主要问题是:①由于波形反演的目标函数中存在大量的局部极小,波形层析成像存在收敛速度慢,对初始模型依赖性强以及易于陷入局部极小的缺陷;②对于复杂介质模型,由于数学模型复杂,存在多参数反演,在反演算法上存在较大的难度;③波形反演需要解析函数模拟发射源的辐射和接收耦合,然而受发射源周围介质岩性性质、几何形状、耦合条件等因素的影响,准确确定这样的源函数是非常困难的。因此波形层析成像目前尚处于数值模拟研究阶段,还未在实际中推广应用,而真正能够达到实用阶段的仍然是射线层析成像,因此,目前基于走时的射线追踪方法仍是声波层析成像的重要研究内容。

1.2 射线追踪方法发展概况

射线理论和射线方法是研究声波传播理论的重要方面之一,用射线理论可以研究地下复杂构造、横向不均匀介质中的弹性波传播问题。经过射线追踪,计算声波的走时、波前和射线路径。射线追踪的理论基础是,在高频近似条件下,弹性波场的主能量沿射线轨迹传播。传统的射线追踪方法,通常意义上包括初值问题的试射法(shooting method)和边值问题的弯曲法(bending method)。试射法根据由源发出的一束射线到达接收点的情况,对射线出射角及其密度进行调整,最后由最靠近接收点的两条射线走时内插求出接收点处走时。弯曲法则是从源与接收点之间的一条假想初始路径开始,根据最小走时准则,对路径进行扰动,从而求出接收点处的走时及射线路径。试射法和弯曲法的主要问题是:①难于处理介质中较强的速度变化;②难于求出多值走时中的全局最小走时;③计算效率较低;④阴影区内射线覆盖密度不足。鉴于上述问题,国内外学者在射线追踪方面做了大量的研究工作,主要方法如下。

1) Vidale 方法

Vidale[49~51]基于矩形扩张波前的思想提出一种近似程函方程的有限差分方法。与传统试射法和弯曲法不同,Vidale 方法计算的是波阵面而不是射线路径。该方法的要点是:首先用正方形的网格对慢度模型进行离散化,对程函方程中的偏导数用有限差分进行离散近似,给出平面波或球面波的外推公式;然后从已知走时的、围绕震源的正方形上的结点开始,根据该正方形上结点的已知走时计算其外侧相邻另一正方形上结点的未知走时,外推方向是由震源逐步向外,直到遇到正方形顶点或其对应的内侧相邻正方形上结点走时为相对极大值时停止;最后通过多次迭代即可求出整个计算区域内网格点上地震波的最小走时。

2) 改进的 Vidale 方法

当介质中存在较大的速度间断时,Vidale 方法会出现不稳定。对此 Qin 等[52]在 Vidale 扩展方阵的基础上实现了扩展波前的递推方法,但计算量增加很大;Podvin[53]按扩展方阵的方式求取走时,对每一个网格节点,系统地比较来自各个方向的透射波、衍射波和首波。这两种方法与 Vidale 方法相比,增加了很多计算量,但其稳定性相当好。

3) van Trier 法

van Trier[54]首先将程函方程化为守恒型程函方程,然后用有限差分法(上风法)直接求解变换后的方程,进而求出地震波场的最小走时。这种算法的主要局限性在于当介质速度梯度较大时,守恒通量函数可能变为虚数,从而导致计算终止;另外,在实际应用中,常常需要频繁地进行极坐标网格到直角坐标网格的走时转换,从而使计算量大大增加。

4) 波前法射线追踪法

波前法射线追踪(wave-front ray tracing,WFRT)法是由黄联捷等[55]在 1992 年首先提出的。其基本原理是:在波的传播过程中,根据 Huygens-Fresnel 原理,波前上每一网格点均可视为次级源。因此,波从震源传播出来,经过若干个次级源(网格点)便可传播到网格化介质里的某个网格点,但有许多不同的路径。对于初至波,根据 Fermat(费马)原理,应该选取其中最小的走时及其相应的射线路径。当介质模型的所有网格点均相继当做次级源之后,便完成射线追踪。利用波前法,除了可得出透射走时和射线路径,还可得出任何时刻的波阵面,并且计算时避免了对射线的迭代。数值试验结果表明,利用波前法进行射线追踪,所得的结果精确并且计算速度快。

5) 最短路径法

最短路径法的基础是 Fermat 原理及图论中的最短路径理论。Nakanishi 和 Yamaguchi[56]首先把网络最短路 Dijkstra 算法应用于地震最小走时射线追踪,此后 Moser[57]提出了基于网络的射线追踪方法,其追踪算法的过程为:将整个追踪区域剖分成一系列正方形网格单元,在单元顶点或边界上设置节点,从震源发出的波首先到达最相邻的单元节点,从中选取走时最小的节点作为波前子波源点(看成新震源点),由它向已作过震源点之外的其他邻近节点发出射线产生新波前,这样,波动就像接力棒一样传播至整个模型空间,相应地也就得到了空间各点的初至波走时和射线路径。

最短路径法计算速度快且稳定,可一次性得到整个空间任一节点的全局最小走时和路径,可追踪绕射波,对速度模型的维数和复杂性没有限制。但是,这种方法也有自身的弱点:一是追踪得到的射线大都是由折线呈锯齿状相连,比真实射线路径长;二是该方法不能处理低变速区容易出现的射线路径多值现象,使得最终的走时和路径位置出现较大的偏差。为此,不少学者开展了大量的研究工作寻求解决上述问题的方案。Fischer 和 Lees[58] 根据 Snell 定律修正射线路径,并在射线多值点增加直射线追踪,在较少的剖分节点的情况下获得了很大改善的结果。Klimes 和 Kvasnicha[59] 详细地分析了算法的误差来源,并根据误差情况优化了子波源的出射方向数。Zhang 和 Toksoz[60] 通过选择合理的节点分布提高了追踪的精度。van Avendonk 等[61] 发现在原有结果与真实情况偏离不大的情况下,利用弯曲法可以很好地提高结果的精度。王辉和常旭[62] 优化了波前点的排序和子波射线路径的速度,实现了二维射线追踪。赵爱华等[63] 通过改进波源点选取办法和子波路径构成,改善了算法的效率和精度。刘洪等[64] 采用波前点扫描代替波前点搜索,并利用双曲线近似对波前点插值,也改善了算法的效率和精度。张建中等[65] 提出了动态网络追踪技术,明显提高了算法的精度。高尔根等[66] 提出了任意界面下的整体迭代射线追踪方法。徐涛等[67] 通过三角形面片描述地质界面,实现了三维复杂介质的块状建模和试射射线追踪。张美根等[68] 提出一种适用于层状或块状模型的界面二次源波前扩展法全局最小走时射线追踪技术。

除了上述几种方法,还有对最小走时算法的改进,使之适应多值走时计算,如慢度匹配法[69];传统方法与最小走时算法的结合,如 HWT(huygens wavefront tracing)方法[70],是通过波前传播计算射线路径。

最近几年,围绕射线追踪方法,国内外许多学者在理论算法及应用方面做了大量的研究工作,具体详见文献[71]~[82],这里不再详叙。

综观国内外研究现状,射线追踪方法的一个共同点是,首先将速度模型用矩形网格离散化,然后进行最短路径的射线追踪。成谷等[83] 指出了矩形网格参数化的一些缺点,提出了三角形网格参数化的思想,并将其应用于反射地震走时层析成像。

为计算简单,采用矩形网格参数化时,网格大小和形状通常是相同的,这样可使得网格间检索和数据点定位简单，但这样的处理方式也有很多缺点，具体如下。

(1) 模型剖分的灵活性差。矩形网格大小和形状通常是规则的，这样就不能根据地质构造的复杂程度进行区别对待，为迁就对复杂构造区域的采样精度，矩形网格的尺度需要很小，而网格剖分的均一性要求在构造简单区域必须以同样的尺度划分，增大了剖分网格的数目。

(2) 对速度界面的描述精度差，速度模型和界面模型不一致。界面与网格边界不重合，在用速度值的相对大小表征界面的位置时，只能用锯齿状的分布来逼近平滑变化的界面。为了保证逼近的精度，网格的尺寸必须很小，因而导致网格的数目很多。

(3) 正演模拟时存储量大、计算时间长。模型剖分的灵活性差导致剖分网格的数目很多，与正演模拟结合时，由于在 Frechet 微商计算中要计算射线在每个网格内的出射点和射线长度，尽管矩形网格剖分形式就单网格计算而言，计算效率高，需要的记录运算少，但由于网格数目众多，总体上存储量大、计算耗时久。

(4) 正演模拟难度增大、误差增大、效率降低。对速度界面的描述精度差，即速度模型和界面模型的不一致导致在正演模拟时需根据网格的位置和界面位置的相对关系判断网格内是否有反射界面存在，增大了正演模拟的难度，降低了效率，当网格内有反射界面时，网格内的速度及其梯度受界面影响较大，增大了正反演计算时的误差。

(5) 用于层析反演时存储量大、计算时间长、方程性态差、求解困难。矩形网格参数化与层析反演相结合时，更多的网格意味着更多的未知参数，因此需要更多的射线，待求解方程组的维数大大增加。此外更多的未知参数意味着参数矢量中欠定的和位于零空间的分量数目更多，性态大大变坏，层析反演的难度增加，通常需要加入正则化约束改变方程组的性态。而正则化约束的加入又增加了存储量和计算量。

相对于矩形网络参数化，三角网格参数化具有如下优点。

(1) 模型剖分的灵活性强。剖分方式非常灵活，网格大小和形状可根据探测区域外部几何形状及地下不同区域构造的复杂程度灵活设置，在构造简单区域采用大网格剖分，在构造复杂区域采用小网格剖分，总体上网格数目少。

(2) 对速度界面的描述精度高，速度模型和界面模型具有一致性。三角网格的弯曲边界和界面的延伸方向完全一致，界面位于三角网格间的分界面上，对速度界面的描述精度高。

(3) 正演模拟存储量小、计算时间少。就单网格计算而言，三角网格剖分由于网格大小和形状的不规则性，需增加一些记录运算，在计算上效率相对较差，但由于网格数目相对少得多，总体上所需的存储量小、计算量和计算时间少。

(4) 正演模拟难度降低、误差减少、效率提高。在参数化的过程中可以给出反射线段的界面编号，射线在界面上的入射点直接位于三角网格的弧形边界上，不需根据网格的位置和界面位置的相对关系判断网格内是否有反射界面存在，因此在正演模拟时降低了难度、减少了误差、提高了效率。

(5) 用于层析反演时存储量小、计算时间少、方程性态好、求解容易。与层析反演相结合时，未知参数个数少，因此需要较少的射线数，待求解方程组的维数大大减小，总体上减少了反演的存储量。同时变网格剖分特性本身就具有一种正则化效应，地下介质模型的边界处由于射线覆盖不足，通常处于模型分量的欠定空间或零空间，而三角网格的变网格剖分方式可通过增大边界处网格的大小调整数据对边界区域的控制程度，使方程组的性态相对变好，位于欠定空间和零空间的分量相对减少，层析反演的难度和对正则化的需求相对降低。这在本质上相当于一种正则化作用。

1.3 声波层析成像反演发展概况

声波层析成像反演方法可以通过逐次线性化反演来实现，即可归结为求解一个大型的、稀疏的、常常是病态的线性方程组。反演方法通常分为两类：第一类是基于算子的线性或拟线性反演方法；第二类是基于模型的完全非线性反演方法。

1) 基于算子的线性化或拟线性反演方法

地震层析成像是非线性反演问题，线性方法一般是将非线性的反问题方程或由此方程经过数学上的处理后得到的方程线性化为目标。常用的一些线性化方法有积分方程法、射线法、传递矩阵法、Born 近似法及 Rytov 近似法[84]。

Aki 等[85,86]在矩阵计算中引入阻尼系数压制解的奇异性，提出了阻尼最小二乘法，但由于计算费时，需要的计算机内存大，只用于数据量和未知数少于几千个这种情况的问题。Spencer 和 Gubbins[87]及 Pavlis 和 Booker[88]引入了参数分离技术后，阻尼最小二乘法得到了改进。Golub 和 Reinsch[89]提出了奇异值分解(singular value decomposition，SVD)法，奇异值分解将系数矩阵分解为三个包含数据空间、模型空间和本征值的正交矩阵的乘积，其最大优点是数值稳定。以上方法的好处是不但可以得到方程解，而且可以直接求出分辨矩阵、误差矩阵。采用 SVD 法，Nolet[90]求解阻尼最小二乘，Singh等[91]求解加权最小二乘，Phillips 和 Fehler[92]求解一阶或二阶的正则化广义逆等。实验证明，这类算法效果比较好，但计算费用较高，以上方法在计算过程中需要很大的计算内存，而计算耗时，早期很难直接应用在大型问题的求解上。此后，研究者引入迭代类型的算法，包括反投影法、梯度法，这些算法在计算中避免了计算大型稀疏矩阵做乘法需要的大量内存。

反投影法是通过迭代，将走时异常映射到沿路径的慢度异常中，直至满足数据。最常见的反投影法是代数重建(algebraic reconstruction technique，ART)法和联合迭代重建(simultaneous iterative reconstruction technique，SIRT)法。ART 法[93,94]是对每条射线都按照块中射线穿过长度占整个射线长度的比例，把走时残差分配到每个块中；SIRT 法[95]则将残差平均分配到射线穿过的块中。与其他的迭代反演方法相比，反投影法的单次迭代速度快，但缺点是收敛比较慢，而且不是很稳定。

梯度法是从梯度方向在模型空间中由初始模型逼近真实模型的一种方法，梯度法可以分为最速下降法、牛顿法、共轭梯度(conjugate gradients，CG)法及迭代最小二乘 QR 分解(least squares QR decomposition，LSQR)法。在梯度法中，校正方向是沿目标函数等高线的负梯度方向来修正模型的。一般来说，从任意初始模型出发进行搜索，最速下降法均会收敛，但在极小点附近，收敛很慢。在牛顿法中，校正方向不仅与梯度(目标函数的一阶导数)方向有关，而且与目标函数的曲率(目标函数的二阶导数，称为 Hessian 矩阵)有关。牛顿法在极小点附近收敛比梯度法要快，不足之处是 Hessian 矩阵的计算工作量很大，而且其逆往往会出现病态和奇异的情况。因此，在实际应用过程中，梯度法常与牛顿法配合。共轭梯度法[96,97]克服了最速下降法和牛顿法的不足，其基本思想是把共轭性与最速下降法相结合，利用已知点处的梯度构造一组共轭方向，沿着这组方向而不是梯度方向去搜索目标函数极小点。

最小二乘法中加上阻尼得到了阻尼最小二乘法[98](DLSQR)，其实质就是用三角矩阵分解法加上阻尼最小二乘法的超定线性方程组求解。朱介寿等[99]采用逐次线性化方法，以 DLSQR 算法反演为基础率先开发了地震层析成像软件系统并应用于工程实践，取得了良好的实际应用效果。牛彦良和杨文采[100]为了精确描述和控制走时反演的逐次线性化过程，引入迭代阻尼系数和混沌理论，描述迭代所处的状态和控制迭代的终止，更有利于获得可信度和分辨率最佳的估计解。曹俊兴和严忠琼[101]系统论述了大型稀疏矩阵的求解算法,并提出了适用于射线分布不均匀、数据误差较大的有效算法——自激励联合代数重建技术(SASIRT)。

目前,比较流行和通用的算法是 ART、SIRT 和 LSQR 法,在求解大型稀疏矩阵方面,这些算法迭代收敛快而且非常有效[102~104]。

2) 基于模型的完全非线性反演方法

地震层析成像是非线性反演问题,线性反演方法求解非线性问题时很大程度上依赖初始模型,如果初始模型选择不当,其解可能会陷入局部极值,而完全非线性反演可以解决这个问题。常见的反演方法有:蒙特卡洛方法[105]、模拟退火(simulated annealing,SA)法[106]、遗传(genetic algorithm,GA)算法[107,108]。Sambridge[109]指出模拟退火法及遗传算法计算量之所以非常大,主要是因为这两种算法在迭代过程中本身的自复制现象非常严重,有 70%之多,算法的效率不高。他在总结、比较了几种算法优缺点的基础上,利用 Natural Neighbours 理论针对 2D 和 3D 散射模型,构造了一种新的算法——邻域搜索算法(neighbourhood algorithm)。完全非线性算法还有神经网络法、混沌算法等。由于完全非线性算法在计算过程中要花费大量的计算时间,目前尚处于发展研究阶段。

本书为山东省自然科学基金项目"二维复杂结构弹性波三角网射线层析成像方法研究(ZR2011DM014)"的研究成果,涉及理论、方法、层析成像算法、仪器与软件系统、实际应用,其研究成果对提高声波层析成像探测技术的整体水平具有非常重要的理论意义和实际意义。主要涉及以下内容。

(1) 二维复杂结构三角网格剖分方法研究。模型网格剖分是波场射线追踪正演及层析成像的基础。为了适应复杂结构模型的射线追踪正演和层析成像反演,将射线密度、介质特征与网格大小有机结合起来,研究了二维复杂结构三角网格剖分方法,根据复杂二维区域的特点、地球物理正反演的要求、Delaunay 三角剖分的优化准则等,开展二维复杂区域的三角剖分算法研究,并进行了数值模拟实验。

(2) 复杂结构三角网格射线追踪全局算法。射线理论和射线方法是认识波场传播规律的重要途径,是研究地下复杂构造和不均匀介质中波场传播问题的重要手段,也是走时层析成像反演的基础。通过总结分析目前常用的基于矩形网射线追踪方法的特点,在复杂区域的三角剖分方法基础之上,提出了复杂区域三角网的全局射线追踪方法,开展二维复杂区域三角网射线追踪全局算法研究,并对水平层状模型、含空硐模型及含断层模型进行了数值模拟实验。

（3）复杂结构声波层析成像数值模拟和应用研究。复杂结构三角剖分和三角网射线追踪的一个重要目的是实现对具有不规则边界和异常体的复杂结构层析成像，以提高适合现场实际条件的层析成像效果。虽然矩形网格化模型与三角网格化模型在剖分方法和射线追踪方法上不同，但最终形成的层析成像反演控制方程并无本质的区别，因此对于层析成像算法，二者是一致的。在总结目前常见的层析成像算法原理的基础上，编制了 ART 和 SIRT 层析成像算法软件，进行了复杂结构声波层析成像数值模拟研究和实际工程应用研究。

（4）大透距声波探测仪器研制。在采场底板岩层破坏带深度声波探测中，要求声波穿透 10～20m 宽的岩层并能分辨出采动前后底板岩层破坏裂隙带的发育变化情况；在大跨度混凝土结构声波探测中，要求声波穿透 10～30m 宽的混凝土浇筑体并能分辨出内部存在的各种缺陷；在反射波顶煤厚度探测中，要求仪器能接收到 5～10m 厚的煤层顶界面反射波。为了满足上述条件下的高分辨率声波探测，则必然要求震源的发射频率高，余震小。但随着震源频率的提高，其探测范围将因介质对声波的吸收作用而减小。反之，欲加大声波的探测范围，则必然要降低震源的频率，势必引起分辨率的降低且余震加大。在上述几种情况下传统的压电陶瓷材料制作的声波换能器虽能满足频率高的要求，但其发射功率低而无法实现大跨度声波探测；而利用电火花震源或弹簧枪或锤击激振方法在媒介质中很难激发出较高频率的声波信号。为了实现大跨度高分辨率声波探测的要求，研制出了采用超磁致伸缩材料作为声波换能器震源的声波探测仪器，较好地解决了探测距离与探测分辨率这一对矛盾，并给出了在煤层底板破坏裂隙带探测、大跨距混凝土结构体检测和煤层厚度探测的具体应用实例。

第 2 章　二维复杂结构的三角剖分方法

无论是正演模拟还是层析反演，速度模型参数化是基本问题。现有模型一般都基于矩形网和三角网剖分，其中矩形网剖分是最普遍的形式，而目前三角网剖分也主要是在矩形网基础上简单的三角化。这些简单的矩形网、三角网剖分没有充分考虑区域复杂边界，也未将射线密度、介质特性与网格大小有机结合起来，难以满足复杂结构的正反演要求。

对于一些相对简单的二维区域，矩形网格参数化可使得网格间检索和数据点定位简单、方便。但对于二维复杂区域，其缺点是显而易见的，第 1 章对矩形网和三角网剖分的优缺点已做出了评价。

当然，三角网格参数化由于网格大小和形状的不规则性，网格间检索和数据点定位不如矩形网格参数化方式方便；由于网格大小和形状的不规则性，各种正则化方式加入时不如矩形网格参数化方式方便；也由于网格的不规则性，计算效率可能不如规则网。也许正是由于这些原因，使得在三角网格模型的正反演上，尤其是复杂模型，尚缺乏更深入的研究。但无论从何种角度看，相对于三角网格参数化方式对层析成像正反演过程带来的各种优越性而言，其缺点就显得微不足道了。基于此，本章研究二维复杂区域三角网剖分法。在介绍本章成果之前，先介绍三角剖分的相关理论及三角网中的数据结构。

2.1　三角剖分的理论基础

2.1.1　*n* 维单纯形

E^d空间中的 $d+1$ 个顶点构成的凸包称为 n 维单纯形。如图 2.1 所示，二维单纯形为三角形，三维单纯形为四面体。

凸包的任一子集（subest）称为单纯形的一个面（face），顶点称为 0-面（0-face），棱边称为 1-面（1-face），封闭线段形成的面片（face）称为 2-面（2-face）。

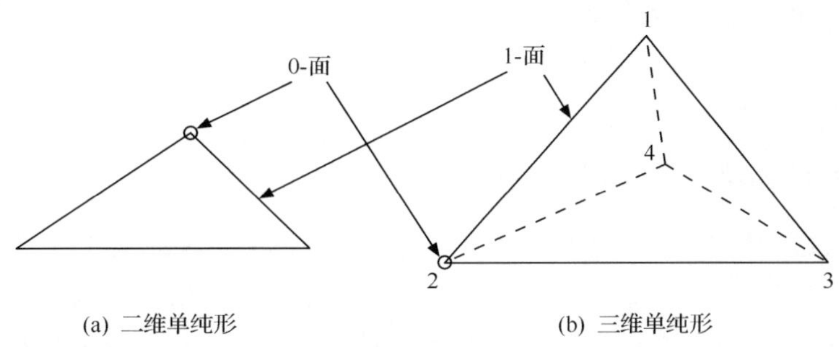

(a) 二维单纯形　　(b) 三维单纯形

图 2.1　二维单纯形和三维单纯形

2.1.2　三角化

S 为 E^d 空间的有限点集，通常点集 S 的三角化定义为满足以下条件的单纯形单元复形 $T(S)$。

(1) 复形 $T(S)$ 的 0-单纯形组合的集合[即 $T(S)$ 的所有顶点的集合]等于 S。

(2) 复形 $T(S)$ 的底空间是点集 S 的凸包 CH(S)。

第(2)个条件暗示 CH(S)的顶点一定是 $T(S)$ 的顶点。

如果点集 S 的三角形 $T(S)$ 使用 S 中所有的点，则 $T(S)$ 称为 S 张成(spanning)的三角化。

图 2.2(a)和图 2.2(d)是点集的三角化，图 2.2(b)和图 2.2(c)则不是点集的三角化。图 2.2(a)是点集张成的三角化，图 2.2(d)中点集的三角化的顶点构成的集合是点集的子集。

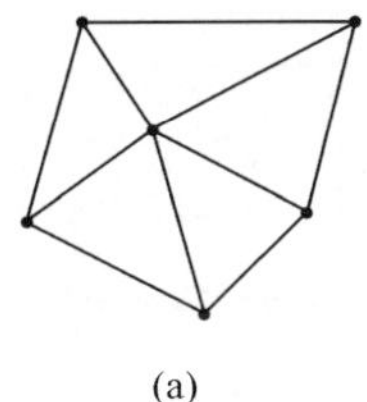

(a)

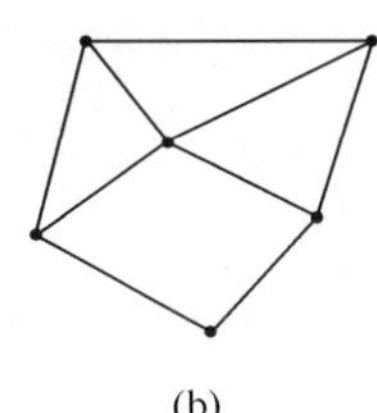

(b)

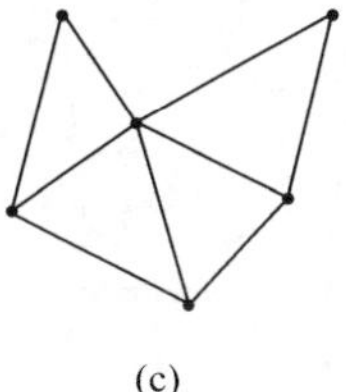

(c)

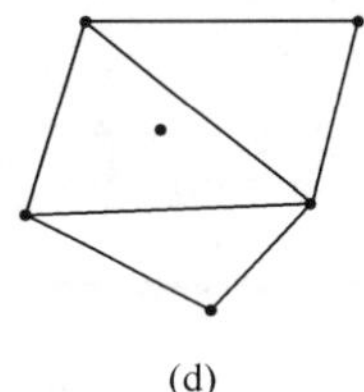

(d)

图 2.2　点集的三角化

二维三角化和三维三角化之间的一个重要区别是单纯形的数量和点集中的点个数之间的函数关系。二维空间中 n 个点组成的点集的任何三角化所得到的三角形的数目是 $O(n)$，而三维空间中 n 个点组成的点集的 Delaunay 三角化所得到的四面体的个数可以到达 $O(n^2)$[110]。推广到一般情况，d 维空间中的 n 个点组成的进行三角化后所得到的单纯形数目可以达到 $O(n^{[d/2]})$[111]（$[d/2]$表示取整）。

2.1.3 点的邻域与 Dirichlet/Voronoi 图

Dirichlet[112]于 1850 年研究了平面点的邻域问题，Voronoi[113]于 1908 年将其结果扩展到高维空间。对于 n 维欧氏空间 R^n 中的一个点集 $P=\{i=1,\cdots,N\}$，点集 P 中无重点，点 P_i 的邻域由邻近 P_i 的点组成，邻域中的点到 P_i 的距离近于到点集中其他点的距离。Dirichlet/Voronoi 图是所有点的邻域拼成的图案（为方便起见，简称 Voronoi 图）。数学上 Voronoi 图有两种等价的定义。

1. 欧氏距离定义 Voronoi 图

令 $d(x,P_i)$表示 x 到 P_i的欧氏距离，则点 P_i的邻域 V_i定义如下：

$$V_i = \{\ x \in R^n \mid d(x,P_i) < d(x,P_j),j \neq i\ \}$$

对于二维空间，如图 2.3 所示，图中阴影区域内的任意点到点 P_2的距离近于到其他点 $P_i(i\neq 2)$的距离，域 $V_1V_2V_3V_4V_5V_6$称为 P_2的邻域，其边界称为对应于点 P_2的 Voronoi 多边形，它是由 P_2与相邻点连线的垂直平分线围成的，如 V_1V_2是 P_2P_3的垂直平分线的一部分。二维 Voronoi 图是平面点集所有点的邻域多边形的并集(union)，Voronoi 多边形边数的数学期望值为 6[114]。

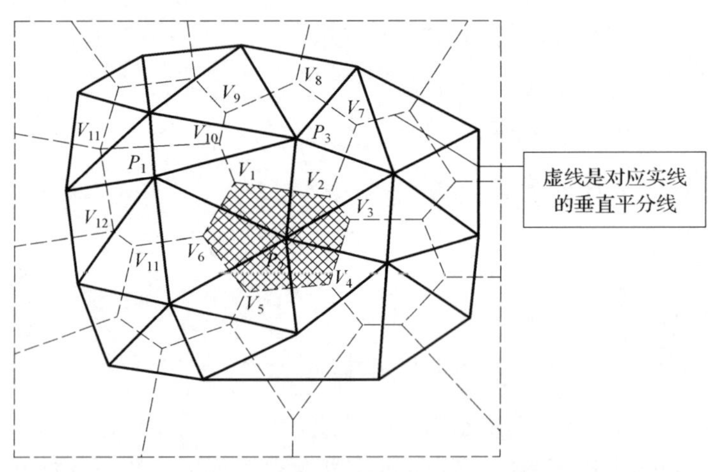

图 2.3 二维情形的 Voronoi 图(图中虚线)

对于三维空间，对应于 P_i 的邻域由 P_i 与相邻点连接的垂直平分面围成的凸多面体，亦称为对应于 P_i 的 Voronoi 多面体，Voronoi 多面体的每个边界面是垂直平分面的一部分。1970 年 Miles 经过统计研究，表明三维 Voronoi 多面体边界面数的数学期望值的上限为 27.07[114]。

在 $n>3$ 维空间中同样存在这样的定义，为了适应高维空间，垂直平分两点连线的面可定义为超平面(hyperplane)，它将空间分为两个半空间。由上所述，Voronoi 图中对应于各点的超多面体是由半空间围成的，由此可以给出 Voronoi 图的另一种等价定义。

2. 半空间定义 Voronoi 图

R^n 空间中的点集 $P=\{P_i=1,\cdots,N\}$，P_iP_j 连线的垂直平分面将空间分为两半，$H_i(P_i,P_j)$ 表示 P_i 一侧的半空间，则对应于点 P_i 的 Voronoi 多面体为

$$V_i=\bigcap_{j\neq i}H_i(P_i,P_j)$$

关于二维 Voronoi 图可以这样理解，点集 P 中的每一个点代表某一动物，所有点处的动物的捕食能力相同，则 Voronoi 多边形是位于该点动物的捕食范围。三维 Voronoi 图可以用晶体生长来说明，P 中每点处有一晶核，且晶核的生长能力相等，则所有晶核同时生长，晶粒之间的晶界即为 Voronoi 多面体的边界，晶粒即为 Voronoi 多面体。

2.1.4　Delaunay 三角化

S 为 E^d 空间的有限点集，点集 S 的 Delaunay 三角化定义为满足以下条件的单纯形单元复形 $D(S)$。

(1) 复形 $D(S)$ 的 0-单纯形组成的集合[即 $D(S)$ 的所有顶点的集合]是 S 的子集。

(2) 复形的底空间是点集 S 的凸包 CH(S)。

(3) 任意一个 d-单纯形 $\Delta T\in D(S)$，$|T|=k+1$，满足：任意 $q\in S-T$，q 在 ΔT 的外接球外。

显然，$D(S)$ 为 S 张成的三角化(图 2.2)。

2.1.5　Delaunay 三角化的特征

1. 最小角最大(max-min angle)(二维)

1978 年，Sibson 证明了在二维的情况下，在点集的所有三角剖分中，

Delaunay 三角化使得生成的三角形的最小角达到最大[115,116]。

如前所述，给定点集，不加限制，存在很多种三角化。在二维空间中，对于每个三角化总存在一个最小角，Delaunay 三角化的最小角是最大的。因为这一特征，对于给定点集 Delaunay 三角化总是尽可能避免“瘦长”三角形，自动向等边三角形逼近。在二维空间中，Delaunay 三角化的最小角最大(max-min angle)准则与外接圆不包含其他点(即空外接圆)准则是等价的[117]。如图 2.4 所示，四边形 $ABCD$，连接 AC，则$\triangle ACD$ 的外接圆包含点 B，连接 BD，则$\triangle ABD$ 和$\triangle BCD$ 的外接圆互不包括，且后者的最小角大于前者的最小角。

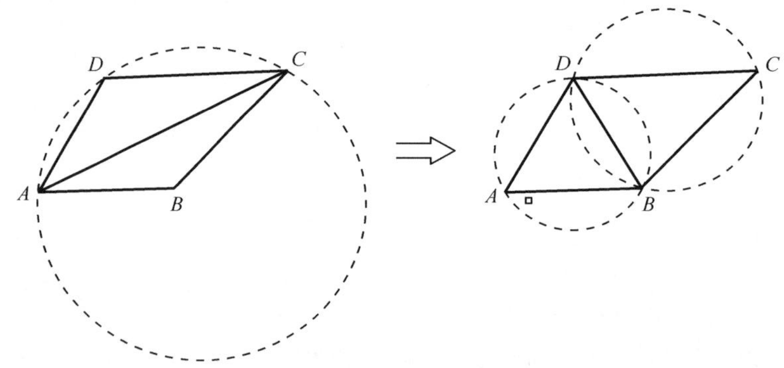

图 2.4 空外接圆准则与最小角最大准则的一致性

这种等价性在大于等于三维空间中并不存在[118]，这是因为二维空间单纯体(三角形)的内角和为 180°，而大于等于三维空间的单纯体(如三维空间四面体)的内角和并不为常值。所以用空外接球(圆为二维球，大于三维为超球)准则作为 Delaunay 三角化优化准则更具普遍性。

2. *局部优化*(locally optimal)*与整体优化*(globally optimal)

在二维空间中，给定点集 P，若 P 中任意四个点不共圆，则 Delaunay 三角化是唯一的，否则 Delaunay 三角化不唯一。如图 2.5 所示，A，B，C，D 四点共圆，有两种连接法，这种情况的 Delaunay 三角化称为局部优化，但是由于$\alpha=\alpha'$，仍满足最小角最大准则，所以对于 Delaunay 三角化，局部优化可以保证全局优化。

高维空间中，若点集 P 中存在 $n+2$ 个点共球，则 Delaunay 三角化不唯一。由于最小角最大准则不适应，这种情况需做特殊处理。

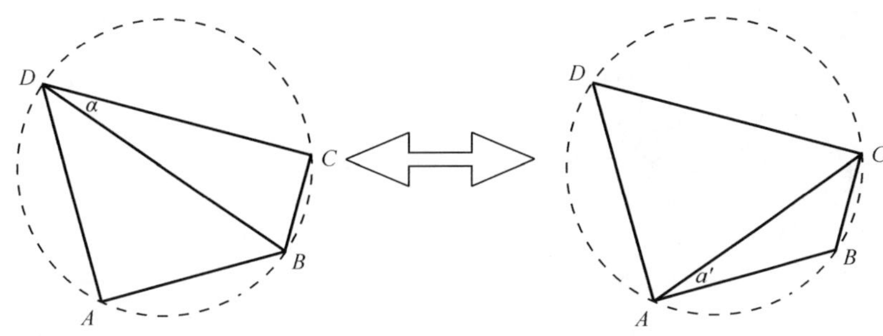

图 2.5　二维空间四点共圆

3. Delaunay 空洞(cavity)与局部重连(local reconnection)

可见性:若点 P 与某点的连线与其他边不相交,则点 P 对于该点是可见的。如图 2.6 所示,点 P 对点 E 是不可见的,对其他点是可见的。

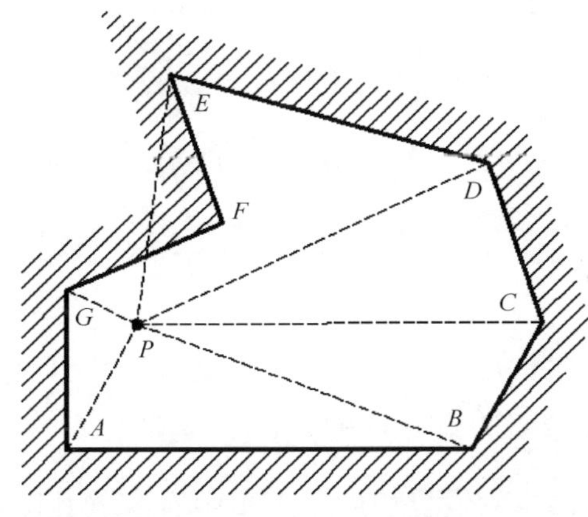

图 2.6　点 P 对点 E 不可见的情形

如图 2.7 所示,在 Delaunay 三角化 T 中插入一个新点 P,删除所有外接圆包含点 P 的三角形,形成一个三角形集合 B,$B \subset T$,B 至少包含一个三角形,B 称为 Delaunay 空洞。Delaunay 空洞的所有顶点对于新点 P 是可见的,且 P 与 Delaunay 空洞各顶点相连重新生成的三角形符合 Delaunay 优化准则[119]。Delaunay 三角化的这种局部修改性特性适应于三角网格的加点和删点操作。在高维空间中 Delaunay 三角化的局部修改特性同样适用。

在上述 Voronoi 图与 Delaunay 三角化的定义中,假设不存在退化情况(图 2.8(b))。所谓退化情况(图 2.8(a))是与前面所定义的点集的一般位置

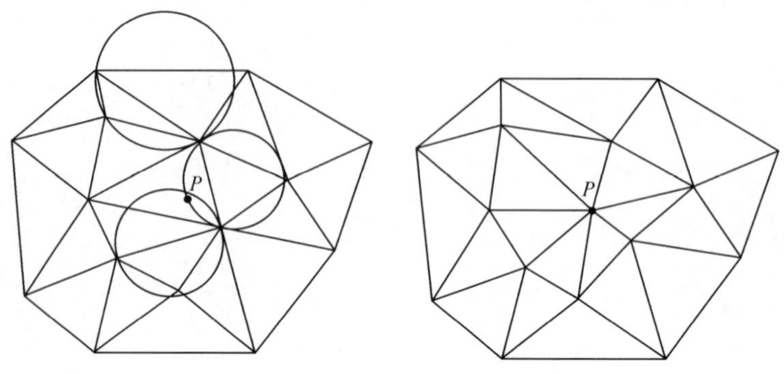

图 2.7　Delaunay 空洞算法示意图[120]

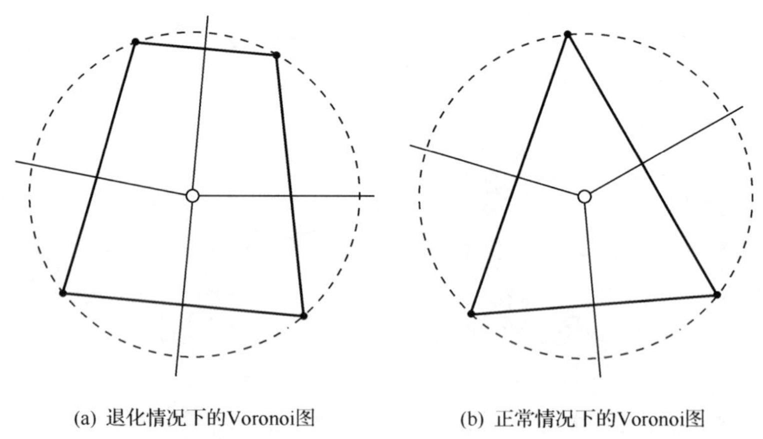

图 2.8　两种 Voronoi 图

假设是等价的，例如，若一个二维/三维点集中有四点共圆/五点共球的情况，此时这些点对应的 Voronoi 多边形/多面体相交于同一 Voronoi 顶点，这个公共的 Voronoi 顶点对应于多个 Voronoi 多边形/四个 Voronoi 多面体，也就是对应于多于三个/四个点集中的点。这些点连接成三角形/四面体的方式有多种，但只要将这些点形成的凸包充满就都满足 Delaunay 三角/四面体网格的定义，因此产生了一定的歧义，这是称为退化的情况。

Delaunay 三角化最重要的性质就是它的空外接圆/球属性，如图 2.9 所示。另外在不存在退化情况下，点集的 Delaunay 三角化是唯一的。

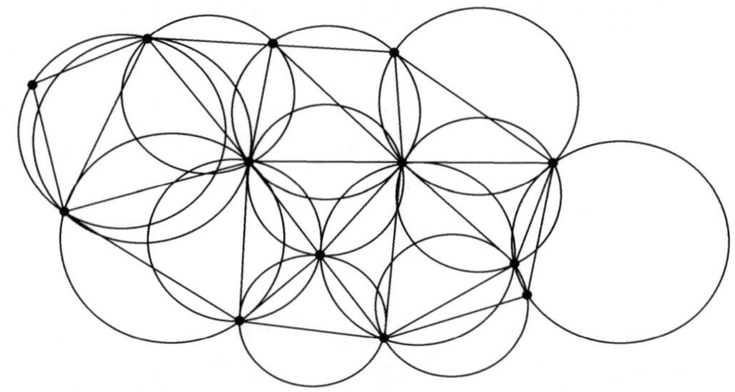

图 2.9　Delaunay 三角网格与空外接圆属性

2.1.6　经典的 Delaunay 三角化算法

经典的 Delaunay 三角化算法主要有两类：Bowyer/Watson 算法和局部变换法。

1. Bowyer/Watson 算法

Bowyer/Watson 算法又称为 Delaunay 空洞算法或加点法，以 Bowyer 和 Watson 的算法为代表。从一个三角形开始，每次加一个点，保证每一步得到的当前三角形是局部优化的。以英国 Bach 大学数学分校 Bowyer、Green、Sibson 为代表的计算 Dirichlet 图的方法[115,121,122]属于加点法，是较早成名的算法之一；以澳大利亚悉尼大学地学系 Watson 为代表的空外接圆法也属于加点法[123]。加点法算法简明，是目前应用最多的算法[124]，该方法利用了 Delaunay 空洞的性质。Bowyer/Watson 算法的优点是与 E^d 空间的维数 d 无关，并且算法在实现上比局部变换算法简单。图 2.10 为二维 Bowyer/Watson 算法的示意图。

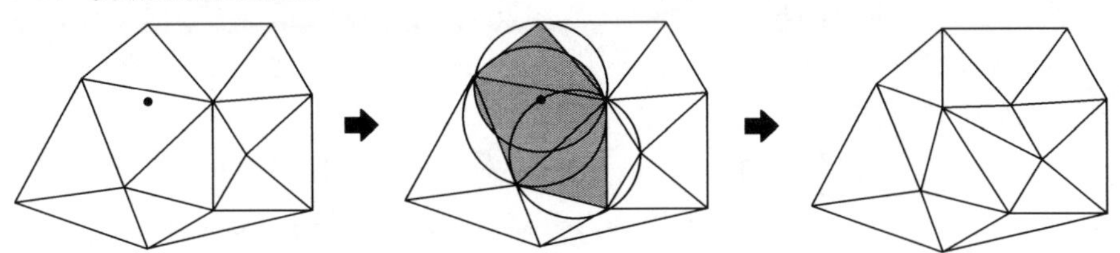

图 2.10　二维 Bowyer/Watson 算法的示意图[125]

该算法在新点加入 Delaunay 网格中时，部分外接球包含新点的三角形单元不再符合 Delaunay 属性，则这些三角形单元被删除，形成了如图 2.10 所示的灰色的 Delaunay 空洞，然后算法将新点与组成空洞的每一个顶点相连生成一个新边，根据空球属性可以证明这些新边都是局部 Delaunay 的，因此新生成的三角网格仍是 Delaunay 的。

2. 局部变换法

局部变换法又称换边/换面法。当利用局部变换法实现增量式点集的 Delaunay 三角化时，如图 2.11 所示，首先定位新加入点所在的三角形，然后在网格中加入三个新的连接该三角形顶点与新顶点的边(若该新点位于某条边上，则该边被删除，四条连接该新点的边被加入)，最后再通过换边方法对该新点的局部区域内的边进行检测和变换，重新维护网格的 Delaunay 性质。

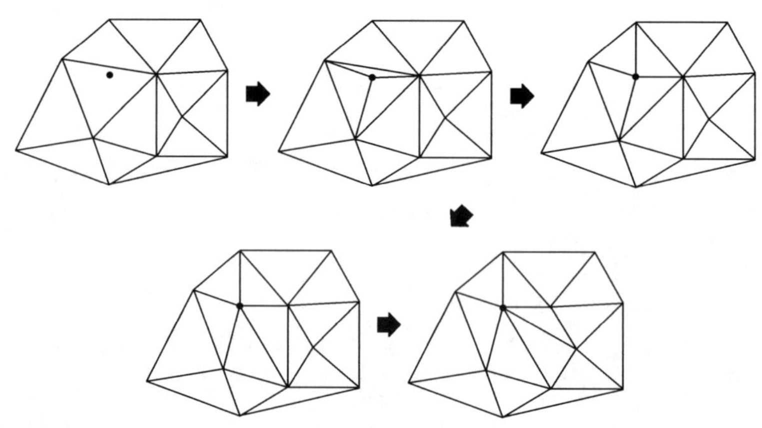

图 2.11　利用换边法实现增量式 Delaunay 三角化

对于三维四面体网格，则需要对共面四面体进行换面优化并同时采取加点操作来保证变换成为 Delaunay 四面体网格，图 2.12 给出了两种三维换面算法中常用的换面操作。

局部变换法的另外一个优点是其可以对一存在的三角网格进行优化，使其变换为 Delaunay 三角网格。该方法的缺点是当算法扩展到高维空间时变得较为复杂。

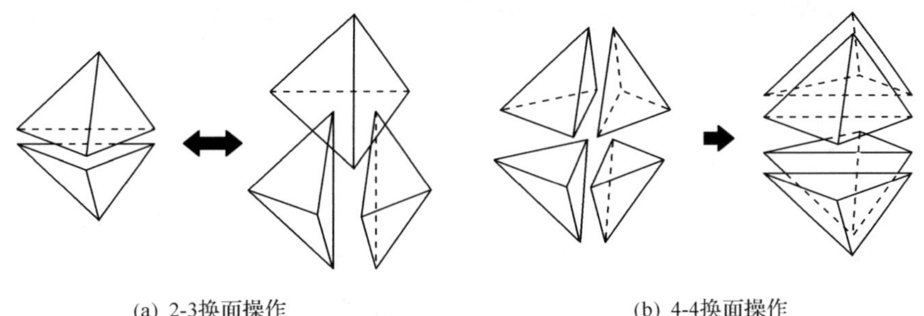

(a) 2-3换面操作　(b) 4-4换面操作

图 2.12　三维换面操作示意图

2.2　三角网中的数据结构

二维复杂区域的三角剖分，点、线、面的拓扑关系较复杂，结点的插入或删除频繁，存储空间需求一般都不能预先确定，需要一些相对复杂的数据结构来描述其拓扑关系，以提高效率。如单链表、双链表、双向循环链表、树等数据结构，是二维复杂区域的三角剖分首先要解决的最底层的问题。

数据结构中，最常见的是顺序表，顺序表是基于数组的线性表的存储表示，其特点是用物理位置上的邻接关系来表示结点间的逻辑关系，这一特点使得顺序表具有如下的优缺点[126,127]。

其优点如下。

(1) 无需为表示结点间逻辑关系而增加额外的存储空间，存储利用率高。

(2) 可以方便地随机存取表中的任一结点，存取速度快。

其缺点如下。

(1) 插入和删除元素极不方便。在表中插入新元素或删除无用元素时，为了保持其他元素的相对次序不变，平均需要移动一半元素，运行效率很低。

(2) 由于顺序表要求占用连续的空间，如果预先进行存储分配(静态分配)，则当表长度变化较大时，难以确定合适的存储空间大小，若按可能达到的最大长度预先分配表的空间，则容易造成一部分空间长期闲置而得不到充分利用。若事先对表长估计不足，则插入操作可能使表长超过预先分配的空间而造成溢出。如果采用指针方式定义数组，在程序运行时动态分配存储空间，一旦需要，可以用另外一个新的更大的数组来代替原来的数组，这样虽然能够扩充数组空间，但时间开销比较大。

为了克服顺序表的缺点，可以采用链接方式来存储线性表，通常将链接方式存储的线性表称为链表。

2.2.1 单链表

1. 单链表的概念

单链表(singly linked list)是一种最简单的链表表示，也叫做线性链表。用它来表示线性表时，用指针表示结点间的逻辑关系。因此单链表的一个存储结点(node)包含两个部分(域，field)，如图 2.13 所示。

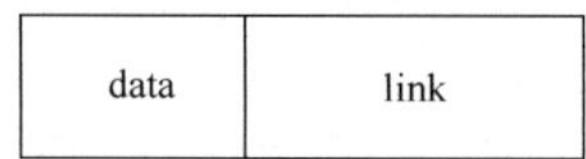

图 2.13 单链表的结点

其中，data 部分称为数据域，用于存储线性表的一个数据元素，其数据类型由应用问题决定。link 部分称为指针域或链域，用于存放一个指针，该指针指示该链表中下一个结点的开始存储地址。

一个线性表(a_1, a_2, a_3, …, a_n)的单链表结构如图 2.14 所示。

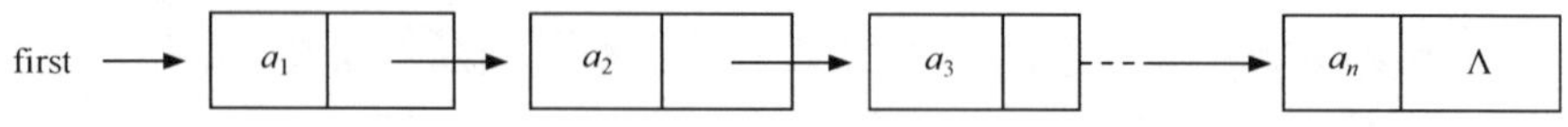

图 2.14 单链表的结构

其中，链表的第一个结点(亦称为首元结点)的地址可以通过链表的头指针 first 找到，其他结点的地址则在前驱结点的 link 域中，链表的最后一个结点没有后继，在结点的 link 域中放一个空指针 NULL(在图中用符号 Λ 表示)作为终结。因此，对单链表中任一结点的访问必须首先根据头指针找到第一个结点，再按有关各结点链域中存放的指针顺序往下找，直到找到所需的结点。

单链表的特点是长度可以很方便地进行扩充，当链表要增加一个新的结点时，只要可用存储空间允许，就可以为链表分配一个结点空间，供链表使用。但线性表中数据元素的顺序与其链表表示中结点的物理顺序可能不一致，一般通过单链表的指针将各个数据元素按照线性表的逻辑顺序链接起来。当 first 为空时，则单链表为空表，否则为非空表。

在线性表的顺序存储中，逻辑上相邻的元素，其对应的存储位置也相邻，所以当进行插入或删除运算时，通常需要平均移动半个表的元素，这是相当费时的操作。在线性表的这种基于链表的存储表示中，逻辑上相邻的元素，其对应的存储位置是通过指针来链接的，因而每个结点的存储位置可以任意安排，不必要求相邻，当进行插入或删除运算时，只需修改相关结点的指针域即可，这是既方便又省时的操作。但是，由于链接表的每个结点带有指针域，在存储空间上比顺序存储要付出较大的代价。

2. 单链表的类定义

从可利用的角度来定义链表的类，使它能够为将来更多的应用所使用，尽可能地把类的数据成员和成员函数设计得完全、灵活。为此可在定义链表的类声明时采用模板机制，这样虽然烦琐一点，但为将来对链表类的使用提供了很大的方便。同时在链表中增加了附加头结点，统一了空表和非空表操作的实现，降低了程序结构上的复杂性，减少了出错的概率。以下是单链表的模板类声明。

```
// LList class.
//
// CONSTRUCTION: with no initializer.
// Access is via LListItr class.
//
// ****************** PUBLIC OPERATIONS *********************
// bool isEmpty( )            --> Return true if empty; else false
// void makeEmpty( )          --> Remove all items
// LListItr zeroth( )         --> Return position to prior to first
// LListItr first( )          --> Return first position
// void insert( x, p )        --> Insert x after current iterator position p
// void remove( x )           --> Remove x
// LListItr find( x )         --> Return position that views x
// LListItr findPrevious( x )

//                            --> Return position prior to x
// ****************** ERRORS *********************************

template <class Object>
class LList;      // Incomplete declaration.
template <class Object>
```

```
class LListItr;  // Incomplete declaration.
template <class Object>
class LListNode
{
LListNode( const Object & theElement = Object( ), LListNode * n = NULL )
   : element( theElement ), next( n ) { }
Object      element;
LListNode  * next;
friend class LList<Object>;
friend class LListItr<Object>;
};
template <class Object>
class LList
{
public:
LList( );
LList( const LList & rhs );
~LList( );
bool isEmpty( ) const;                // Return true if empty; else false
void makeEmpty( );                    // Remove all items
LListItr<Object> zeroth( ) const;        // Return position to prior to first
LListItr<Object> first( ) const;       // Return first position
virtual void insert( const Object & x, const LListItr<Object> & p );
                                     //Insert x after current iterator position p
LListItr<Object> find( const Object & x ) const;  // Return position that views x
LListItr<Object> findPrevious( const Object & x ) const;  //Return position
prior to x
void remove( const Object & x ); //Remove x
const LList & operator = ( const LList & rhs );
private:
LListNode<Object>  * header;
};
// LListItr class; maintains "current position".
// CONSTRUCTION: With no parameters. The LList class may
//   construct a LListItr with a pointer to a LListNode.
// ****************** PUBLIC OPERATIONS *********************
```

```
// bool isPastEnd( )        --> True if past end position in list
// void advance( )          --> Advance (if not already NULL)
// Object retrieve( )       --> Return item in current position
// ****************** ERRORS ********************************
// Throws BadIterator for illegal retrieve.
template <class Object>
class LListItr
{
public:
LListItr( ) : current( NULL ) { }
bool isPastEnd( ) const
{ return current = = NULL; }
void advance( )
{ if( ! isPastEnd( ) ) current = current->next; }
const Object & retrieve( ) const
{ if( isPastEnd( ) ) throw BadIterator( );
return current->element; }
private:
LListNode<Object> * current;      // Current position
LListItr( LListNode<Object> * theNode ): current( theNode ) { }
friend class LList<Object>;      // Grant access to constructor
};
```

2.2.2　双向链表

双向链表又称为双链表。使用双向链表(doubly liked list)是为了解决在链表中访问直接前驱和直接后继的问题。因为在双向链表中每个结点都有两个链指针,一个指向结点的直接前驱,另一个指向结点的直接后继,这样不论是向前驱方向搜索还是向后继方向搜索,其时间开销都只有 $O(1)$。

1) 双向链表的概念

在双向链表的每个结点中应有两个链接指针作为它的数据成员:lLink 指示它的前驱结点,rLink 指示它的后继结点。因此,双向链表的每个结点至少有三个域,如图 2.15 所示。

lLink 又称为左链指针,rLink 又称为右链指针。双向链表常采用带附加头结点的循环链表方式,形成双向“环”,这对于区域边界的操作非常方便。一个双向链表有一个附加头结点,由链表的头指针 first 指示,它的 data 域或者

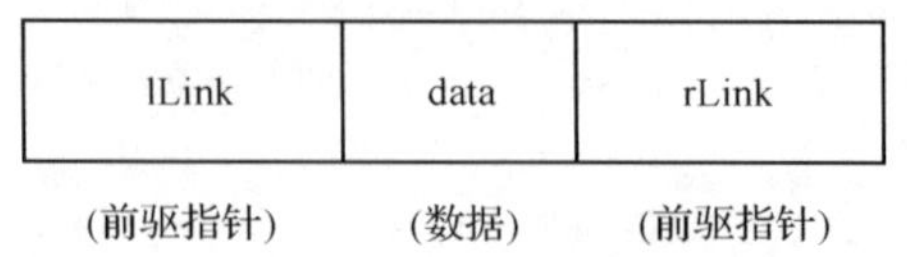

图 2.15　双向链表的结点

不放数据，或者存放一个特殊要求的数据，它的 lLink 指向双向链表的尾结点(最后一个结点)，它的 rLink 指向双向链表的首元结点(第一个结点)。链表的首元结点的左链指针 lLink 和尾结点的右链指针 rLink 都指向附加头结点，如图 2.16 所示。

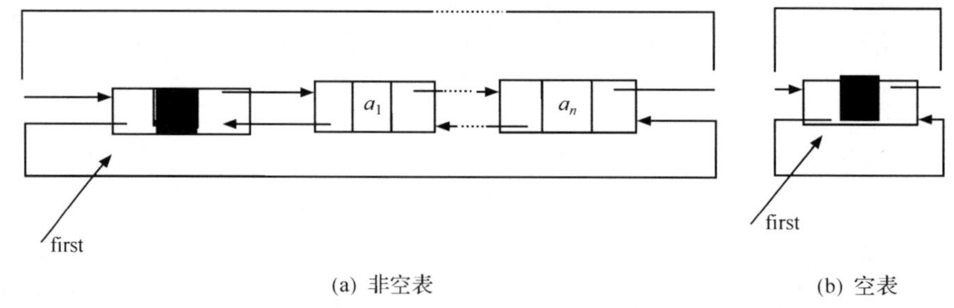

图 2.16　带附加结头点的双向循环链表

设指针 p 指向双向循环链表的某一结点，则 p→lLink 指示 p 所指结点的前驱结点，p→lLink→rLink 中存放的是 p 所指结点的前驱结点的后继结点的地址，即 p 所指结点本身；同样，p→rLink 指示 p 所指结点的后继结点，p→rLink→lLink 也指向 p 所指结点本身。因此有 p＝p→lLink→rlink＝p→rLink→lLink。

2) 双向(循环)链表的类定义

双链表和双向循环链表的类定义大体相同，主要区别是双向链表有头有尾，而双向循环链表是环绕的。以下是双向链表及双向循环链表的类声明。

双链表模板类定义：

```
template <class Object>
class ConstListItr;
template <class Object>
class ListItr;
template <class Object>
class list;
```

```
// The basic doubly linked list node.
// Everything is private, and is accessible
// only by the iterators and list classes.
template <class Object>
class ListNode                                    //结点类
{
Object  data;                //数据
  ListNode  * prev;          //前一结点指针
  ListNode  * next;          //后一结点指针
  ListNode( const Object & d = Object( ), ListNode * p = NULL, ListNode * n =
NULL )
   : data( d ), prev( p ), next( n ) { }
  friend class ConstListItr<Object>;
  friend class ListItr<Object>;
  friend class list<Object>;
  };

  template <class Object>
  class list
  {

  public:
  typedef ListItr<Object>       iterator;
    typedef ConstListItr<Object> const_iterator;
    list( );
    ~list( );
    list( const list & rhs );
    const list & operator = (const list & rhs);
    iterator begin( );                                //开始位置
    const_iterator begin( ) const;                    //开始位置
    iterator end( );                                  //最后位置
    const_iterator end( ) const;                      //最后位置
    int size( ) const;                                //返回数据个数
    bool empty( ) const;                              //数据是否空
     Object & front( );                               //返回第一个数
    const Object & front( ) const;
```

```
    Object & back( );                                   //返回最后一个数
    const Object & back( ) const;
    void push_front( const Object & x );                //从前面压入一个点
    void push_back( const Object & x );                 //从后面压入一个点
    void pop_front( );                                  //从前面释放一个点
    void pop_back( );
iterator insertnext( iterator itr, const Object & x );  // 在 itr 位置后插入一个数
iterator insertprev( iterator itr, const Object & x );  // 在 itr 位置前插入一个数
    iterator erase( iterator itr );                     // 删除 itr 位置数
    iterator erase( iterator from, iterator to );  // 删除 from 到 to 位置的数
    friend class ConstListItr<Object>;
    friend class ListItr<Object>;
private:
    typedef ListNode<Object> node;
    int    theSize;                                     //记录数据个数
    node  * head;                                       //头指针
    node  * tail;                                       //尾指针
    void init( );                                       //初始化
void makeEmpty( );                                      //清空

};
template <class Object>
class ConstListItr
              //双链表 Const 迭代类
{
public:
   ConstListItr( );
   virtual ~ConstListItr( ) { }
   virtual const Object & operator * ( ) const;
      ConstListItr & operator + + ( );
   ConstListItr operator + + ( int );
   ConstListItr & operator--( );
   ConstListItr operator--( int );
   bool operator = = ( const ConstListItr & rhs ) const;
```

```
    bool operator! = ( const ConstListItr & rhs ) const;
  protected:
    typedef ListNode<Object> node;
    node * head;                                       //指向表头的指针
    node * current;                                    //指向当前位置的指针
    friend class list<Object>;
    void assertIsInitialized( ) const;
    void assertIsValid( ) const;
    void assertCanAdvance( ) const;

  void assertCanRetreat( ) const;
    Object & retrieve( ) const;                        //返回当前位置的数据
    ConstListItr( const list<Object> & source, node * p );
  };

  template <class Object>
  class ListItr : public ConstListItr<Object>          //双链表迭代类

  {
  public:
    ListItr( );

  Object & operator * ( );
    const Object & operator * ( ) const;
    ListItr & operator + + ( );
    ListItr operator + + ( int );
    ListItr & operator--( );
    ListItr operator--( int );
  protected:
    typedef ListNode<Object> node;
    friend class list<Object>;
    ListItr( const list<Object> & source, node * p );
  };
```

双向循环链表模板类定义，双向循环链表类与双链表类大致相同，下面只对本类的重要部分说明。

```
template <class Object>
```

```
class ConstDcllistItr;
template <class Object>
class DcllistItr;
template <class Object>
class dcllist;
template <class Object>
class DcllistNode
{
Object      data;
DcllistNode  * prev;
DcllistNode  * next;n
DcllistNode( const Object & d = Object( ),

             DcllistNode * p = NULL, DcllistNode * n = NULL )

             : data( d ), prev( p ), next( n ) { }
friend class ConstDcllistItr<Object>;
friend class DcllistItr<Object>;
friend class dcllist<Object>;
};

template <class Object>
class dcllist
{
public:
typedef DcllistItr<Object>       iterator;
typedef ConstDcllistItr<Object> const_iterator;
typedef dcllist<Object>          DCLlist;
dcllist( );
~dcllist( );
dcllist( const dcllist & rhs );
const dcllist & operator = ( const dcllist & rhs );
void decompose(iterator itr1, iterator itr2, DCLlist &dclt1, DCLlist &dclt2 );
//表分解
void combinate( iterator itr_objiect, iterator itr_source, DCLlist &dclt, int
how_ins, int which_direction);                    //表合并
```

```
iterator setbegin( iterator itr);        //将 itr 位置设置为开始
iterator begin( );
const_iterator begin( ) const;
int size( ) const;
bool empty( ) const;

Object & front( );
const Object & front( ) const;
Object & back( );
const Object & back( ) const;
void push_front( const Object & x );
void push_back( const Object & x );
void pop_front( );

void pop_back( );
iterator insertprev( iterator itr, const Object & x );
iterator insertnext( iterator itr, const Object & x );
iterator erase( iterator itr );
iterator erase( iterator from, iterator to );
bool find( Object & x, iterator &ritr );
friend class ConstDcllistItr<Object>;
friend class DcllistItr<Object>;
private:
typedef DcllistNode<Object> node;
int   theSize;
node * first;
void init( );
void makeEmpty( );
};

template <class Object>
class ConstDcllistItr
{
public:
ConstDcllistItr( );
virtual ~ConstDcllistItr( ) { }
```

```
virtual const Object & operator * ( ) const;
ConstDcllistItr & operator + + ( );
ConstDcllistItr operator + + ( int );
ConstDcllistItr & operator--( );
ConstDcllistItr operator--( int );
bool operator = = ( const ConstDcllistItr & rhs ) const;
bool operator!  = ( const ConstDcllistItr & rhs ) const;
protected:

typedef DcllistNode<Object> node;
node * first;

node * current;
friend class dcllist<Object>;
void assertIsInitialized( ) const;
void assertIsValid( ) const;
void assertCanAdvance( ) const;
void assertCanRetreat( ) const;
Object & retrieve( ) const;

ConstDcllistItr( const dcllist<Object> & source, node * p );
private:
void Advance( ) const;        //位置向前一步
void Retreat( ) const;        //位置后退一步
};
template <class Object>
class DcllistItr : public ConstDcllistItr<Object>
{
public:
DcllistItr( );
Object & operator * ( );
const Object & operator * ( ) const;
DcllistItr & operator + + ( );
DcllistItr operator + + ( int );
DcllistItr & operator--( );
DcllistItr operator--( int );
```

```
protected:
typedef DcllistNode<Object> node;
friend class dcllist<Object>;
DcllistItr( const dcllist<Object> & source, node * p );
private:
void Advance( ) ;
void Retreat( ) ;
};
```

2.2.3　树

线性结构和表结构一般不适合于描述具有分支结构的数据，因此这种数据结构在描述复杂区域之间的关系时就无能为力了。树形结构则是以分支关系定义的层次结构，是一类重要的非线性数据结构，描述区域间的逻辑包含关系非常方便。由于二叉树具有许多重要性质，尤其是通过二叉树的子女—兄弟链表表示法，能清晰地表达区域的逻辑关系，因此本节重点研究二叉树数据结构在三角剖分中的应用。

1. 一般树的定义和术语

为了完整地建立有关树的基本概念，下面给出两种树的定义，即自由树(图 2.17)和有根有序树。

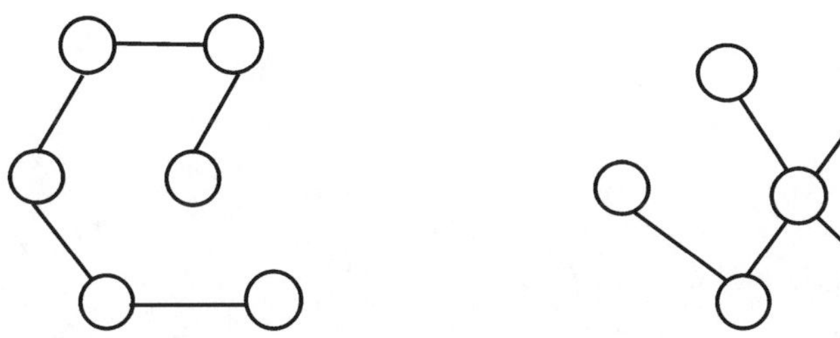

图 2.17　自由树

自由树(free tree)，一棵自由树 T_f可定义为一个二元组 $T_f=(V,E)$，其中 $V=\{v_1,\cdots,v_n\}$是由 $n(n>0)$个元素组成的有限非空集合，称为顶点(vertex)集合，$v_i(1\leqslant i\leqslant n)$称为顶点。$E=\{(v_i,v_j)\mid v_i,v_j\in V,1\leqslant i,j\leqslant n\}$是由 $n-1$ 个元素组成的序对集合，称为边集合，E 中的元素(v_i,v_j)称为边(edge)或分支(branch)。E 使得 T_f成为一个连通图。

有根树(rooted tree),一棵有根树 T,简称为树,它是 $n(n\geqslant 0)$个结点的有限集合。当 $n=0$ 时,T 称为空树;否则,T 是非空树,记作

$$T=\begin{cases}\phi, n=0\\ \{r, T_1, T_2, \cdots, T_m\}, n>0\end{cases} \tag{2.1}$$

式中,r 为 T 的一个特殊结点,称为根(root);$T_1, T_2, \cdots, T_m$为除 r 之外其他结点构成的互不相交的$m(m\geqslant 0)$个子集合,每个子集合也是一棵树,称为根的子树(subtree)。

每棵子树的根结点有且仅有一个直接前驱(即它的上层结点),但可以有 0 个或多个直接后继(即它的下层结点)。m 称为 r 的分支数。

图 2.18 为树的逻辑表示,(a)是空树,一个结点也没有;(b)是只有一个根结点的树,它的子树为空;(c)是有 13 个结点的树,其中 A 是根结点,其余结点分成三个互不相交的子集:$T_1=\{B,E,F,K,L\}$,$T_2=\{C,G\}$,$T_3=\{D,H,I,J,M\}$,它们都是根结点 A 的子树。

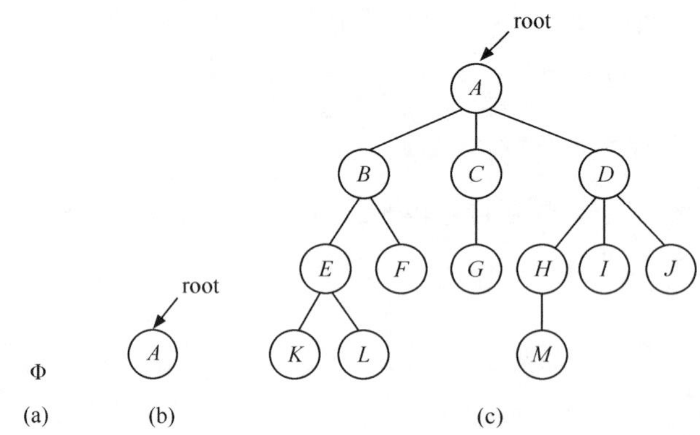

图 2.18　树的示意图

有关树的术语主要包括如下。

结点(node)。它包含数据项及指向其他结点的分支。如图 2.18(c)中的树总共 13 个结点。

结点的度(degree)。是结点所有的子树棵数。例如,在图 2.18(c)所示的树中,根 A 的度为 3,结点 E 的度为 2,结点 K、L、F、G、M、I、J 的度为 0。

叶结点(leaf)。即度为 0 的结点,又称为终端结点。例如,在图 2.18(c)所示的树中,$\{K,L,F,G,M,I,J\}$构成树的叶结点的集合。

分支结点(branch)。除叶结点外的其他结点,又称为非终端结点。例如,在图 2.18 (c)所示的树中,A、B、C、D、E、H 就是分支结点。

子女结点(child)。若结点 x 有子树，则子树的根结点即为结点 x 的子女。例如，在图 2.18(c)所示的树中，结点 A 有 3 个子女，结点 B 有 2 个子女，结点 L 没有子女。

父结点(parent)。若结点 x 有子女，即为子女的父结点。例如，在图 2.18(c)所示的树中，结点 B、C、D、E 有一个父结点，根结点 A 没有父结点。

兄弟结点(sibling)。同一个父结点的子女互称为兄弟。例如，在图 2.18(c)所示的树中，结点 B、C、D 为兄弟，E、F 也为兄弟，但 F、G、H 不是兄弟。

祖先结点(ancestor)。人根结点到该结点所经分支上的所有结点。例如，在图 2.18(c)所示的树中，结点 L 的祖先为 A、B、E。

子孙结点(descendant)。某一结点的子女，以及这些子女的子女都是该结点的子孙。例如，在图 2.18 (c)所示的树中，结点 B 的子孙为 E、F、K、L。

结点所处层次(level)。简称结点的层次，即从根到该结点所经路径上的分支条数。例如，在图 2.18(c)的树中，根结点在第 1 层，它的子女在第 2 层。树中任一结点的层次为它的父结点的层次加一。结点所处层次亦称为结点的深度。

树的深度(depth)。树中距离根结点最远的结点所处层次即为树的深度。空树的深度为 0，只有一个根结点的树的深度为 1，图 2.18(c) 中树的深度为 4。

树的高度(height)。根到最深的叶结点的路径长度。

树的度(degree)。树中结点的度的最大值。图 2.18(c)所示的树的度为 3。

有序树(ordered tree)。树中结点的各棵子根 T_0，T_1，…是有次序的，即为有序树。其中 T_1 叫做根的第 1 棵子树，T_2 叫做根的第 2 根子树，……。

无序树。树中结点的各棵子树之间的次序是不重要的，可以互相交换位置。

森林(forest)。是 $m(m \geqslant 0)$ 棵树的集合。在自然界，树与森林是两个不同的概念，但在数据结构中，它们之间的差别很小。删去一棵非空树的根结点，树就变成森林(不排除它的森林)；反之，若增加一个根结点，让森林中每一棵树的根结点都变成它的子女，森林就成为一棵树。

2. 二叉树

1) 二叉树的定义

二叉树的定义以递归形式给出：一棵二叉树是结点的一个有限集合，该集

合或者为空，或者是由一个根结点加上两棵分别称为左子树和右子树的、互不相交的二叉树组成，即

$$T=\begin{cases}\phi, & n=0\\ \{r,T_{\mathrm{L}},T_{\mathrm{R}}\}, & n>0\end{cases} \tag{2.2}$$

二叉树的子树 T_{L}，T_{R} 仍是二叉树，到达空子树时递归的定义结束。二叉树的特点是每个结点最多有两个子女，分别称为该结点的左子树和右子树。就是说，在二叉树中不存在度大于 2 的结点，并且二叉树的子树有左、右之分，其子树的次序不能颠倒。因此，二叉树是分支数最大不超过 2 的有根有序树。它可能有五种不同的形态，如图 2.19 所示。图 2.19(a)表示一棵空二叉树；图 2.19(b)是只有根结点的二叉树，根的左子树和右子树都是空的；图 2.19(c)是根的右子树为空的二叉树；图 2.19(d)是根的左子树为空的二叉树；图 2.19(e)是根的两棵子树都不为空的二叉树。二叉树的任意形状都是基于这五种形态经过组合或嵌套而形成的。

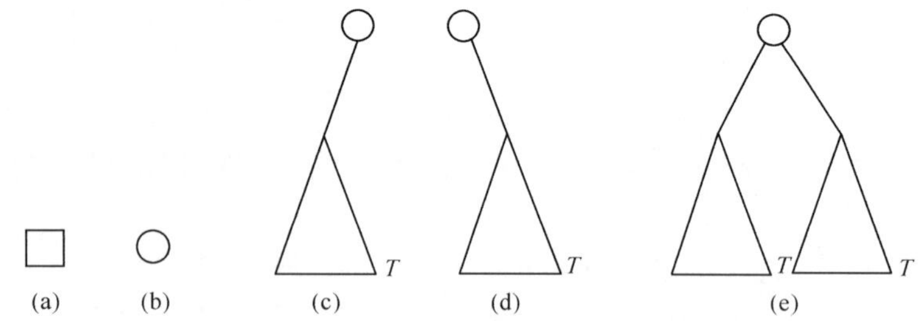

图 2.19　二叉树的五种不同形态

二叉树还可以采用子女—兄弟链表表示法，它的每个节点由三个域组成，如图 2.20 所示。

Date	firstchild	nextsibling

图 2.20　二叉树的子女—兄弟链结点

可以证明，树与二叉树之间存在一一对应关系。利用二叉树的子女—兄弟链结点表示方法，就可以实现复杂区域的逻辑关系了。

对下节图 2.22 所示的背景模型，二维区域 Ω_0 由 6 各子域组成，即

$$\Omega_0=\sum_i \Omega_i, i=1,\cdots,6$$

假定其边界环为 $\Omega_i, i=0,\cdots,6$，则子域的关系可用图 2.21 所示的二叉树表示。

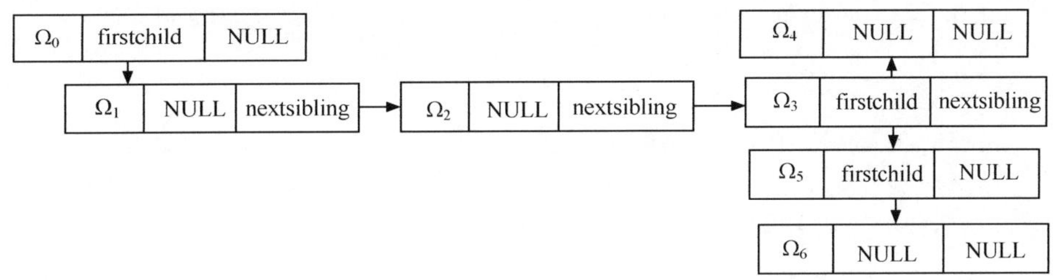

图 2.21　区域的二叉树表示

2）二叉树的模板类

```
template<class T>
struct BinTree Node
{                                                           //二叉树结点类定义
T data;                                                     //数据域
BinTreeNode<T> * leftChild, * rightChild;                  //左子女、右子女链域
BinTreeNode( ):leftChild(NULL),rightChild(NULL){}
Bin TreeNode(T x, BinTreeNode<T> * l = NULL, BinTreeNode<T> * r = NULL):
data(x),leftChild(l),rightChild(r){}
}

template<class T>
class BinaryTree
{                                                           //二叉树类定义
public:
BinaryTree( ):root(NULL){}                                  //构造函数
BinaryTree(T value):RefValue(value),root(NULL){}            //构造函数
BinaryTree(BinaryTree<T>&s);                                //复制构造函数
~BinaryTree( ){destroy(root);}                              //析构函数
Bool IsEmpty( ){return(root = = NULL)? true:false;}         //判二叉树空否
BinTreeNode<T> * Parent(BinTreeNode<T> * current)          //返回父结点
{ return(root = = NULL||root = = current) ? NULL:Parent(root,current);}

BinTreeNode<T> * LeftChild(BinTreeNode<T> * current) //返回左子女
{ return(current! = NULL)? current->leftChild:NULL; }
BinTreeNode<T> * RightChild(BinTreeNode<T> * current)  //返回右子女
{return(current ! = NULL)? current->rightChild:NULL;}
```

```
int Height( ){return Height(root);}                          //返回树高度
int Size( ){return Size(root);}                              //返回结点数
BinTreeNode<T> * getRoot( )const{return root;}               //取根
void preOrder(void( * visit)(BinTreeNode<T> * p))            //前序遍历
{preOrder(root,visit);}
void inOrder(void( * visit)(BinTreeNode<T> * p))             //中序遍历
{ inOrder(root,visit);}
void postOrder(void( * visit)(BinTreeNode<T> * p))           //后序遍历
{postOrder(root,visit);}
void levelOrder(void( * visit)(BinTreeNode<T> * p))          //层次序遍历
int Insert(const T item);                                    //插入新元素
BinTreeNode<T> * Find(T item)const;                          //搜索
protected:
BinTreeNode<T> * root;                                       //二叉树的根指针
T RefValue;                                                  //数据输入停止标志
void CreateBinTree(istream &in, BinTreeNode<T> * & subTree);
                                                             //从文件读入建树
bool Insert(BinTreeNode<T> * & subTree, const T &x);         //插入
void destroy(BinTreeNode<T> * & subTree);                    //删除
bool Find(BinTreeNode<T> * subTree,const T& x)const;         //查找
BinTreeNode<T> * copy(BinTreeNode<T> * orignode);            //复制
int Height(BinTreeNode<T> * subTree);                        //返回树高度
int Size(BinTreeNode<T> * subTree);                          //返回结点数
BinTreeNode<T> * Parent(BinTreeNode<T> * subTree,
BinTreeNode<T> * current);                                   //返回父结点
BinTreeNode<T> * Find(BinTreeNode<T> * subTree, const T& x)const;
                                                             //搜寻 x
void Traverse(BinTreeNode<T> * subTree, ostream& out);       //前序遍历输出
void preOrder(BinTreeNode<T>& subTree,
  void( * visit)(BinTreeNode<T> * p));                       //前序遍历
    void inOrder(BinTreeNode<T>& subTree,

void( * visit)(BinTreeNode<T> * p));                         //中序遍历
void postOrder(BinTreeNode<T>& subTree,
  void( * visit)(BinTreeNode<T> * p));                       //后序遍历
};
```

2.3　二维复杂区域三角网剖分方法

为适应复杂区域正演计算及有先验边界信息（如断层、空洞位置）的约束反演，借助有限元三角网剖分的原理，在正规法向偏移法和波前推进法基础上研究了二维复杂区域层析成像自适应三角形网剖分方法应用于任意形状的多介质平面区域，具有在指定位置生成节点的功能，且能按密度函数进行加密[128～133]。

算法总体上分为以下几步。

（1）对背景网边界曲线进行离散化，即按照密度控制函数的要求在边界上布点。

（2）在目标区域内生成单元，按照密度修改目标区域的边界组成。

（3）对最终生成的网格单元进行优化处理。

2.3.1　二维复杂区域的数据组织

区域数据组织原则是尽量减少数据准备工作量使各子域网格之间“缝合”容易或不用“缝合”，剖分单元生成方便。设区域由一些单连通的子域无缝组合而成，如图 2.22 所示，区域 Ω_0 由 6 个子域组成，即 $\Omega_0 = \sum_i \Omega_i, i = 1, \cdots, 6$，则整个区域的三角剖分变为对各子域的剖分。每一子域分别生成网格，各子域的网格无缝接合构成区域的网格。首先将区域的数据分解为节点、边界线和子域三类，然后由节点构造边界线，由线构造域，最后将边界线描述的子域转化为节点描述。

1）点的组成

背景网数据包括边界线（图 2.22 中 $\overline{P_1P_2}$）、控制线（图 2.22 中 $\overline{P_{15}P_{16}}$）等。边界线用于形成各子域；控制线用于一些特殊的界线，如尖灭层面、节理等，可以通过作辅助线的方法形成边界线，与边界线不同的是，辅助线上的加密点参加网格的优化。

这些线最终将以离散点的形式表述，因此点有三类：边界线上的节点、控制线上的节点、辅助线上新增的加密点，只有辅助线上新增的加密点参加网格质量优化。点的表达采用线性指针表。

2）边界线的数据组织

由上可知，边界线按边界条件分为外部边界线和内部边界线，此外还有控

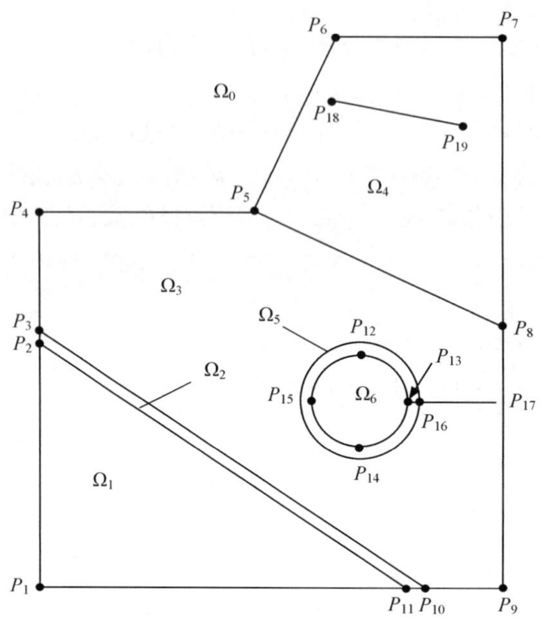

图 2.22 复杂区域数据组织

制线和辅助线。外部边界线一般是成像区域的外部边界；内部边界线包括各子域的公共边界线及孔洞、断层、薄夹层等边界线；内部控制线通过辅助线转换为内部公共边界线。内部边界线对不同的子域可转换为外部边界线。边界线节点排列顺序称为边界线的方向，如图 2.22 中 $\overline{P_5P_8}$ 的节点排列顺序为 5→8。

边界线按线型可分为折线和曲线。曲线中的初始节点不少于三点，在节点加密前，使用三次参数样条曲线拟合，保证节点加密后能充分体现曲线边界和形状。折线边界中的直线线段只需两点描述。因此，边界线数据是有向线，包括线号、线型标志、线边界标志，节点 1、节点 2、……、节点 n。采用双链表组织，向前、向后操作可以很方便地表示边界线的方向。

3）子域的数据组织

子域采用树数据结构表达，由边界线描述，其数据包括子域号，线号 1、线号 2、……、线号 n 及线方向标志。

边界线按一定规则连接后就构成子域封闭环。子域封闭环上节点按逆时针方向排列，而边界线上节点存在两种排列方向，因此需要约定边界线上节点的排列顺序。若边界线上节点排列方向与子域逆向封闭环上节点排列方向相同，则子域数据中该边界线的线号取正值；否则取负值。如图 2.22 中 $\overline{P_5P_8}$ 的节点排列顺序为 5→8，对于子域 Ω_4，取正值；对于子域 Ω_3，则取负值。

4）构造子域封闭环

各子域由若干个封闭环描述，有外环与内环之分。构造子域节点封闭环的具体方法是：①若线号为正，该线上节点由起点到终点顺向连接到封闭环上；②若线号为负，该线上节点由终点到起点逆向连接到封闭环上。

2.3.2　构造单元密度控制函数

密度控制函数控制着三角单元的大小，一方面可以根据需要，在介质差异变化梯度大的部位，采取多种特殊的加密函数，如圆区域加密、带状区域加密、圆环区域加密、x 向加密、y 向加密、方向加密等。另一方面，可以采用纯数学手段来构造单元控制密度函数。例如，在正演模拟中，可以先从速度模型构造简单的密度函数，根据计算结果的误差分布情况，通过插值、逼近、拟合等手段确定密度控制函数的表达方式，如此反复进行，直至得到满意的结果。再如，在层析成像反演中，先从直射线、矩形网开始，得到射线密度及速度分布函数，用射线密度函数和速度来构造三角网控制密度函数，这个过程同样可以在反演过程中反复进行。

2.3.3　边界节点加密

背景数据边界点只是一些特征点，不能直接用于网格生成。边界线需要进一步离散，增加节点，并要求子域公共边界线上的节点对于两个区域是一致的。

需要增加的节点数，由背景网格及密度控制函数确定。设 size(l) 为单元尺寸沿边界线的分布函数，L 是边界线长度，那么边界线需要划分的线段数 N 可由式(2.3)确定。

$$A = \int_0^L \frac{1}{\mathrm{size}(l)}\mathrm{d}l \tag{2.3}$$

N 取与 A 最接近的整数，相应地，节点 i 在边界线上的位置 l_i 由式(2.4)计算。

$$i = \frac{N}{A}\int_0^{l_i} \frac{1}{\mathrm{size}(l)}\mathrm{d}l, \quad i = 0,1,\cdots,N \tag{2.4}$$

为了使单元大小有一定的自由度，在边界线离散过程中，还要保证任一加密线段的长度与密度控制函数在该线段两端点值之间的相对误差都不大于

$\frac{1}{3}$，这样可以将最大误差控制在 32.3%以内。如对于线段 AB 有

$$\frac{||ab|-\text{size}(a)|}{\text{size}(a)}<\frac{1}{3},\quad \frac{||ab|-\text{size}(b)|}{\text{size}(b)}<\frac{1}{3} \tag{2.5}$$

式中，size(a)、size(b) 为密度函数在 A 点和 B 点处的值；$|ab|$ 为线段 AB 的长度。

2.3.4 生成节点和单元

完成对区域边界的离散以后，就可以得到由离散点组成的目标区域边界。各子域三角剖分依次进行，最后形成整个区域的三角网集合。下面的工作是基于一个目标区域进行的。

约定边界上的每一个节点包含的信息有：①节点坐标，即 x 和 y 值；②节点的剩余角度，即由该点邻接的前后两点所形成的对待剖分区域的夹角，如图 2.23(a)中的$\angle ABC$；③节点的最小距离及对应的节点，即该点与它所在的目标区域边界中的其他不与其相邻的节点中距离值最小者。

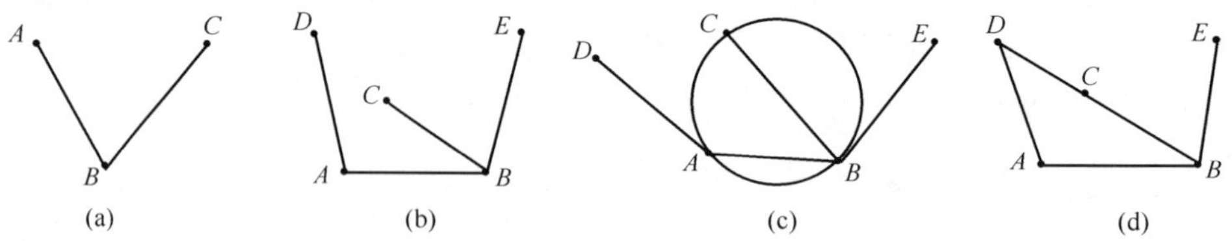

图 2.23 在节点处根据不同情况生成单元

每一个待剖分的目标区域有各自的边界曲线，将待分区域的边界压入堆栈，各待分区域的剖分可以细分成以下几步。

(1) 计算目标区域边界曲线上的节点数目。如果小于 3(但不为零)，则终止程序的执行；如果为零，从堆栈中取出下一子域进行剖分；如果等于 3，则连接这三点生成 1 个单元，完成对该区域的剖分，从堆栈中取出下一子域进行剖分；如果等于 4，则连接内角最大的点和它的对角点，生成 2 个单元，如果所得对角线大于该处的密度控制函数所要求长度的$\frac{4}{3}$倍，则取对角线的中点，生成 4 个单元，完成对该区域的剖分，从堆栈中取出下一子域进行剖分；如果大于 4，则转至下一步。

(2) 首先检查边界上每一个节点的最小距离值中的最小者，如果它小于该点处密度控制函数的$\frac{4}{3}$倍，则试图将该点和它的最小距离点连接起来，假如

这两点连线完全落在目标区域，且不与目标区域的边界相交，则连接成功，修改目标区域的边界曲线转至步骤(1)。否则，处理最小距离值中的次小者。如果它也小于该点处密度控制函数的$\frac{4}{3}$倍，则试图将该点和它的最小距离点连接起来，假如这两点连线完全落在目标区域，且不与目标区域的边界相交，则连接成功，修改目标区域的边界曲线转至步骤(1)。如果不能，则转至下一步。

(3) 从目标区域边界上剩余角度最小的节点出发，如该点的剩余角度小于 80°，则连接与该点相邻接的前后两点，生成 1 个单元，修改目标区域的边界曲线，然后转至步骤(1)，如图 2.23(a)中的 B 点，否则转至下一步。

(4) 如该点的剩余角度大于 80°，则按照表 2.1 所列原则取 n 值，等分该点的剩余角度，如图 2.23(b)中 B 点。

表 2.1　内角度剖分 n 的取值

内角范围/(°)	0～80	80～160	160～240	240～320	320～360
n 值	1	2	3	4	5

取 $\alpha=\frac{1}{n}\angle ABE$，以点 B 为顶点，以 AB 为起始边，顺时针旋转 α 至 BC。然后在 BC 方向取一点 C，使 $|BC|=\text{size}(b)$。

(5) 假如 $\frac{||BC|-\text{size}(c)|}{\text{size}(c)}>\frac{1}{3}$，则取点 C'，使 $|BC'|=\frac{8}{9}|BC|$。再以点 C' 代替点 C，重复本步骤，直到 $\frac{||BC|-\text{size}(c)|}{\text{size}(c)}\leqslant\frac{1}{3}$，转下一步。

(6) 以 A、B、C 三点形成外接圆，如图 2.23(d)所示，计算包含于圆内的边界点集合，若点集合为非空集，则以对 AB 张角最大的点代替 C 点，形成三角单元 ABC，将边界环域从 C 点处分成两个环域，压入堆栈，清空当前环域点集，转至步骤(1)。如果包含于圆内的边界点集合为空集，则转至下一步。

(7) 计算$\angle CAD$ 的大小，如$\angle CAD$ 小于 30°，则连接 BD，生成单元 DAB，如图 2.23(c)所示，否则生成单元 ABC，向边界曲线中加入新节点 C，同时修改边界曲线中其他点的剩余角度和最小距离，转至步骤(1)。

2.3.5　含孔区域及控制线处理

含孔区域及控制线处理可以采用两种方式：辅助线方式和搜寻插入方式。

(1) 辅助线方式。对于含孔区域，一般是通过辅助线将含孔区域变成两个或一个不含孔的区域；对于控制线处理，是利用辅助线将子域分成两个或多个子域。辅助线方式给程序设计带来方便,但当区域中所含孔数或控制线较多时,处理起来就比较烦琐。

(2) 搜寻插入方式。所采取的对策是,采用A、B、C三类点链表,A链表由目标区域的外边界离散节点组成,B链表由目标区域的内边界(即孔区域的边界)离散节点组成,C链表则由对指定点的位置曲线离散后得到的节点组成。在生成网格单元的过程中,首先将A链表作为当前工作边界,在其中选择一个工作节点,除了检查它与自身所在边界中其他节点的距离,还要检查它与B链表及C链表中的所有节点的距离,如果与C链表中某一节点的距离小于这两点处密度函数值的4/3倍,则将C链表中的这一节点作为新生成的节点;如果与B链表中的某一节点的距离小于这两点处密度函数值的4/3倍,则在将B链表中这一节点作为新生成的节点的同时,还要将这一节点所在内边界上所有节点从B链表移到A链表中,即将该节点所在的内边界按顺时针方向加入边界中,使之成为边界的组成部分。如此逐步向内推进,完成含孔区域的剖分。搜寻插入方式使模型设计较方便,但也增加了程序设计复杂性带来的风险。

本书研究采用辅助线方式。

2.3.6 三角网优化和加密处理

上述方法生成的网格非常接近正三角形,一般不需要再进行光滑处理。但是要想获得更高质量网格,网格需要平滑和调整[131]。

1. 网格质量指标

定义网格质量指标

$$\delta = \frac{r}{R} \tag{2.6}$$

式中,r、R分别为三角形的内切圆和外接圆半径。

根据有限元理论,等边三角形最好,取最大值0.5。单元质量好坏选用如下准则。

(1) $\delta \geqslant 0.3$(单元最大内角小于110°),单元质量良好。

(2) $0.2 \leqslant \delta < 0.3$(单元最大内角小于125°),单元质量一般。

(3) $\delta < 0.2$,单元质量较差。

2. 网格平滑

使用拉普拉斯(Laplacian)法平滑网格,即每个非边界节点的坐标取相邻单元构成的多边形的形心坐标。

$$P = \frac{\sum_{i=1}^{N} P_i}{N} \tag{2.7}$$

式中，N 为节点 P 的相邻单元节点数。

3. 网格调整

1）节点删除

设 $n(A)$是节点 A 的相邻单元数。

(1) 若 $n(A)=3$,且 A 不是边界点,删除节点 A 及其两相邻单元(图 2.24(a))；

(2) $n(A)=4$,且 A 不是边界点(图 2.24(b))。如果点 B、C、D、E 中边界点数小于 3,或边界点数小于等于 3,但固定角(三个相邻边界点构成的角)小于 90°,那么 $n(D)+n(C)\leqslant n(B)+n(E)$,连接点 D、C;否则连接点 B、E。如果固定角大于 90°,连接具有最大固定角的点及其对应点。如点 B、D、E 的边界点,且固定角$\angle EDB$ 最大,则连接点 D、C。

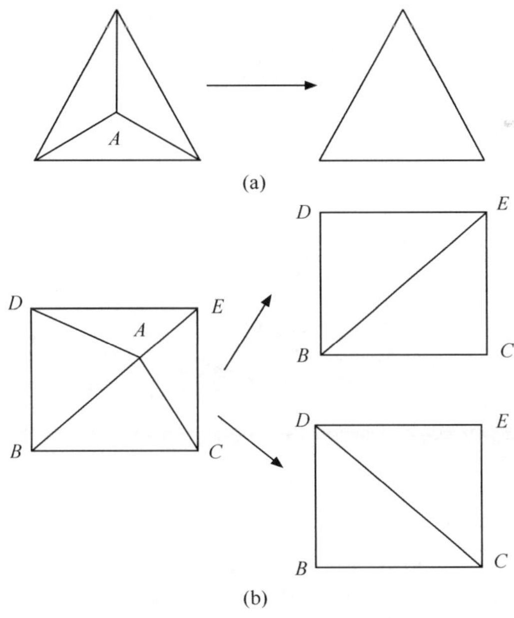

图 2.24　节点删除

2) 对角线交换

假设 $\delta(\triangle ABC)$ 为 $\triangle ABC$ 的质量指标，如果 BD 不在边界线上，且 $\min\{\delta(\triangle ABD),\delta(\triangle BCD)\} < \min\{\delta(\triangle ABC),\delta(\triangle ACD)\}$，则对角线做图 2.25 所示的交换。

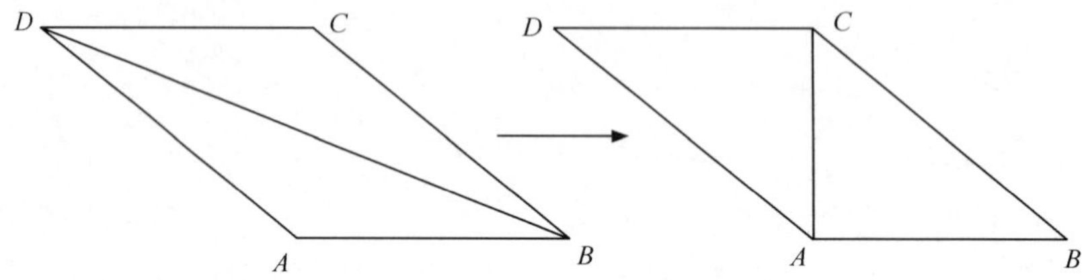

图 2.25 对角线交换

此外，根据情况，还应对节点编号进行优化处理。

4. 网格加密

为提高三角剖分的效率，有时可先用较大的网格尺度剖分，然后采用网格加密方式处理。如图 2.26 所示，取三角形三边的中点，于是一个三角形就加密成四个三角形。

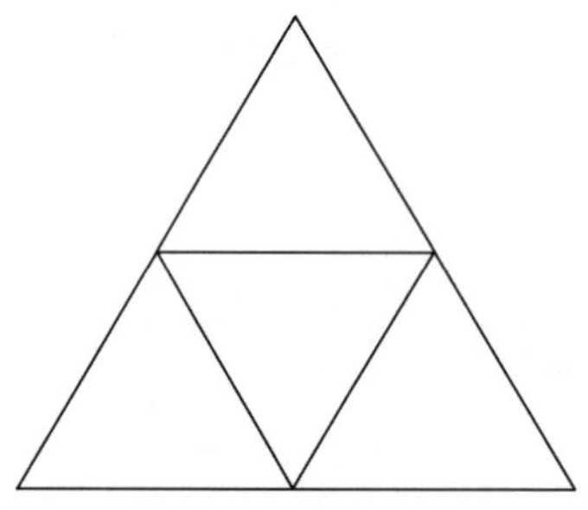

图 2.26 网格加密

最后，值得一提的是，三角网的优化和加密可以交叉进行，以获得较佳的剖分效果。

2.4 剖分实例

运用上述方法，用 C++语言编制了二维复杂区域的三角网剖分程序，对常见的几种地质模型进行了三角网剖分。

1）层状模型

层状模型是最常见的一种地质模型，区域相对简单。图 2.27(a)为一四层等厚度水平层状速度模型，每个速度层作为一个子域，各子域网格密度控制函数相同，图 2.27(b)为三角网剖分结果。

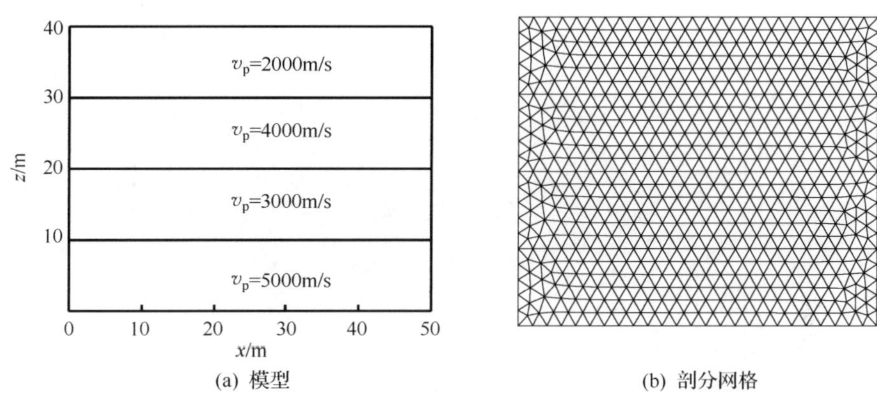

(a) 模型　　(b) 剖分网格

图 2.27　层状模型及剖分网格

2）含洞模型

如图 2.28(a)所示，在区域内设置了两个速度分别为 v_p＝2000m/s 和 v_p＝5000m/s 的矩形子域及一个空洞，网格剖分采用了不均匀密度控制函数，图 2.28(b)为三角网剖分结果。

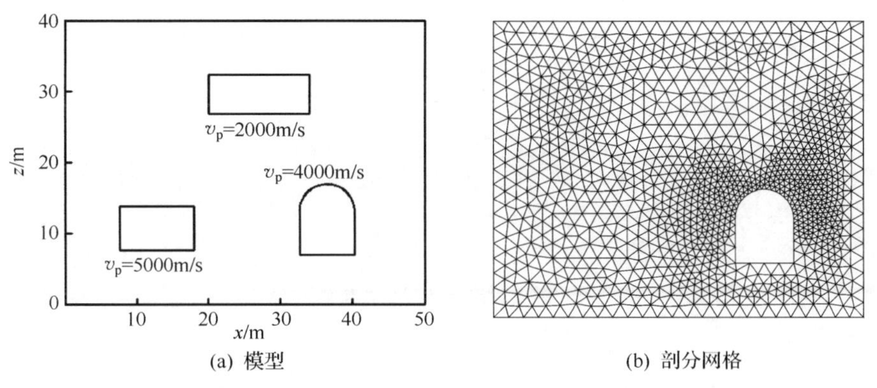

(a) 模型　　(b) 剖分网格

图 2.28　含硐模型及剖分网格

3）含断层模型

如图 2.29(a)所示，在区域内设置了断层子域 Ω_2 及低速子域 Ω_5，为了模

拟 Ω_3 到 Ω_5 较大的速度变化梯度，增加网格加密子域 Ω_4，网格剖分采用了不均匀密度控制函数，各子域的模拟速度 Ω_1：$v_p=3000\text{m/s}$，Ω_2：$v_p=2000\text{m/s}$，Ω_3：$v_p=4000\text{m/s}$，Ω_4：$v_p=4000\text{m/s}$，Ω_5：$v_p=3000\text{m/s}$。图 2.29(b)为三角网剖分结果。

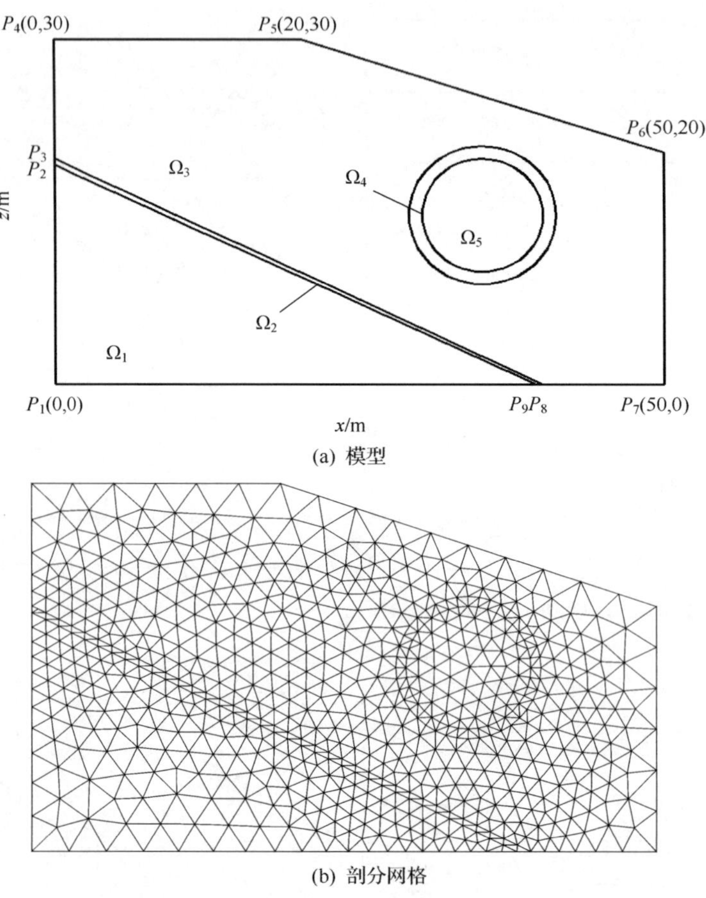

(a) 模型

(b) 剖分网格

图 2.29　含断层模型及剖分网格

第3章　二维复杂结构三角网射线追踪全局方法

射线理论和射线方法是认识波场传播规律的重要途径。常用射线理论研究地下复杂构造和不均匀介质中的波场传播问题。射线追踪技术广泛用于波场正演模拟、反演、偏移中,并在实际应用中得到不断发展和完善。

射线追踪的理论基础是在高频近似条件下,波场的主能量沿射线轨迹传播。文献[134]对常用的射线追踪方法做了比较详细的总结。射线追踪方法,通常意义上包括初值问题的试射法(shootin method)和边值问题的弯曲法(bending method)。Vidale[49]在提出程函方程的有限差分法时,指出试射法和弯曲法的主要问题在于:①难于处理介质中较强的速度变化;②难于求出多值走时中的全局最小走时;③计算效率较低;④阴影区内射线覆盖密度不足。

为了克服传统射线追踪方法的这缺点,近年来,许多地球物理研究者在这方面进行了大量的工作,提出了一些精度较高、效率较高而且实用的计算初至旅行时的波前追踪方法。研究进展主要体现在:①在传统的试射法及弯曲法的基础上的改进,如各类波前重建方法[135,136],除了多值走时,还较好地解决了计算效率及阴影区覆盖不足的问题;②对最小走时算法的改进,使之可适应多值走时计算,如慢度匹配法[69],可认为是最短路径方法的推广;③传统方法与最小走时算法的结合,如HWT方法[70],则是通过波前传播计算射线路径。

但这些射线追踪大多基于矩形网,正如绪论中所指出的,相对于三角网,矩形网主要有以下六个方面的缺点:①复杂区域网格参数化适应性差;②速度界面描述精度差;③正演模型灵活性差;④正演模拟时存储量大、计算时间长;⑤正演模拟难度增大、误差增大、效率降低;⑥用于层析反演时存储量大、计算时间长、方程性态差、求解困难。

反演中,不便于加入一些先验信息,如地层界面、断层、溶洞等信息。而这几个方面正是三角网的优势所在,也是现阶段地球物理探测技术提高反演效果必须要解决的问题。为此,本章在第3章复杂区域的三角剖分方法基础之上,提出复杂区域三角网的全局射线追踪方法。在探讨该方法之前,本章先根据相关文献阐述目前一些具有代表性的射线追踪方法,以便读者对目前的射线追踪技术水平有一个恰当的认识。

3.1 射线追踪技术

图像重建属于反问题，它所对应的正问题是在已知介质速度分布的条件下，求地震波穿过成像区域的射线轨迹。在一般情况下，需要借助数值计算方法得到。在地震层析成像中，由于成像介质的非均匀性，使得地震波在地下沿弯曲路径行进，这时地震波在地层中传播时的射线弯曲现象必须加以考虑。要获得地下构造的清晰图像，其关键环节是实现源检之间地震波射线的定位，即射线追踪(ray tracing)。常用的射线追踪方法归纳起来可分为两大类：一类是初值问题射线追踪(如解析法、打靶法等)；另一类是边值问题射线追踪(如弯曲法、扰动法等)。

3.1.1 解析追踪法

解析追踪法就是当地下速度分布函数 $V(x,y)$ 具有简单的形式时，最短走时路径方程(以后称射线方程)可以用解析式表达。

设射线按路径为 L 传播的走时为 T，则 L 是下面变分极小问题的解：

$$T=\int_L \frac{\mathrm{d}s}{V(x,y)}=\min_{L'}\int_{L'} \frac{\mathrm{d}s}{V(x,y)} \tag{3.1}$$

式中，$V(x,y)$ 为已知的速度分布函数。目的是要求出路径 L，使 T 达到极小。由变分学中的定理知，求解式(3.1)可转化为解下面的欧拉方程：

$$\frac{\mathrm{d}}{\mathrm{d}s}\left(\frac{1}{V}\frac{\mathrm{d}r}{\mathrm{d}s}\right)=\nabla\left(\frac{1}{V}\right) \tag{3.2}$$

式中，s 为弧长参数；$\boldsymbol{r}$ 为以 s 为参数的路径 L，$\boldsymbol{r}=(x(s),y(s))^{\mathrm{T}}$；$\nabla f=\left(\frac{\partial f}{\partial x},\frac{\partial f}{\partial y}\right)^{\mathrm{T}}$。

式(3.2)的分量形式为

$$\frac{\partial}{\partial x_j}\left(\frac{1}{V}\right)-\frac{\mathrm{d}}{\mathrm{d}s}\left(\frac{1}{V}\frac{\mathrm{d}x_i}{\mathrm{d}s}\right) \tag{3.3}$$

式中，$j=1,2$；$x_1=x$；$x_2=y$。

式(3.3)又可等价的写成

$$\nabla T\cdot\nabla T=\frac{1}{V^2(x,y)} \tag{3.4}$$

式中，$\nabla T=\left(\frac{\partial f}{\partial x_1},\frac{\partial f}{\partial x_2}\right)^{\mathrm{T}}$。

定义慢度向量 $\boldsymbol{P}=\nabla T$, $\boldsymbol{P}=(P_1,P_2)^{\mathrm{T}}$, $P_1=\dfrac{\partial T}{\partial x_1}$, $P_2=\dfrac{\partial T}{\partial x_2}$，则欧拉方程式(3.2)又可写成下面的等价形式：

$$\begin{cases}\dfrac{\mathrm{d}x_i}{\mathrm{d}s}=vP_i, & i=1,2\\ \dfrac{\mathrm{d}P_i}{\mathrm{d}s}=\dfrac{\partial}{\partial x_i}\left(\dfrac{1}{V}\right), & i=1,2\\ \dfrac{\mathrm{d}T}{\mathrm{d}s}=\dfrac{1}{V}\end{cases}\tag{3.5}$$

以上这些等价形式容易推导，式(3.5)是采用弧长 s 作为参数，下面引进更一般的参数 ω，这将给计算带来很大方便。设

$$\omega(T)=\omega(T_0)+\int_{T_0}^{T}V^N\mathrm{d}T\tag{3.6}$$

当 $N=0$ 时，$\omega=t$ 为时间参数；当 $N=1$ 时，$\omega=s$ 为弧长参数。此时式(3.5)用参数 ω 表示为

$$\begin{cases}\dfrac{\mathrm{d}x_i}{\mathrm{d}\omega}=V^{2-N}P_i\\ \dfrac{\mathrm{d}P_i}{\mathrm{d}\omega}=-V^{-1-N}\dfrac{\partial V}{\partial x_i}\\ \dfrac{\mathrm{d}T}{\mathrm{d}\omega}=V^{-N}\end{cases}\tag{3.7}$$

当给定初始条件时，对于一些特殊的函数 $V(x,y)$，通过求解微分方程式(3.7)就可以得到射线方程的解析表达式。

假设初始条件为

$$x_i=x_{i_0},\quad P_i=P_{i_0},\quad T=T_0,\qquad i=1,2\tag{3.8}$$

下面讨论两种常见的形式。

1) $\dfrac{1}{V^2}$ 是常梯度的情形

假设平方慢度 $1/V^2$ 是线性函数，即

$$\frac{1}{V^2}=A_0+A_1x_1+A_2x_2$$

在式(3.6)中取 $N=2$，这时特别记参数 $\omega=0$，此时式(3.7)的解为如下多项式：

$$\begin{cases} x_i(\sigma) = x_i(\sigma_0) + P_i(\sigma_0)(\sigma - \sigma_0) + \dfrac{1}{4}A_i\ (\sigma - \sigma_0)^2 \\ P_i(\sigma) = P_i(\sigma_0) + \dfrac{1}{2}A_i\ (\sigma - \sigma_0) \\ T(\sigma) = T(\sigma_0) + \left(A_0 + \sum A_i x_i(\sigma_0)\right)(\sigma - \sigma_0) \\ \qquad + \dfrac{1}{2}\sum A_i P_i(\sigma_0)(\sigma - \sigma_0)^2 + \dfrac{1}{12}\sum A_i\ (\sigma - \sigma_0)^3 \end{cases} \tag{3.9}$$

式中，$\sigma_0 = \omega(T_0)$；$i = 1,2$。

2) 速度 V 是常梯度的情形

此情形是地学中最常见的情形之一。如地下速度分布是随深度变化的线性函数。设

$$V = A_0 + A_1(x_1 - x_{10}) + A_2(x_2 - x_{20}) \tag{3.10}$$

如果采用坐标变换，新的 x_1 轴的方向同 $\nabla V = (A_1, A_2)^{\mathrm{T}}$，新的 x_2 轴与新的 x_1 轴垂直，则在新的坐标下只含有一个变量，即

$$V = V_0 + A_2(x_2 - x_{20}) \tag{3.11}$$

在式(3.6)中取 $N = -1$，这时记参数 $\omega = \xi$，求解式(3.7)得

$$\begin{cases} \dfrac{\mathrm{d}P_1}{\mathrm{d}\xi} = -\dfrac{\partial V}{\partial x_1} = 0 \\ \dfrac{\mathrm{d}P_2}{\mathrm{d}\xi} = -\dfrac{\partial V}{\partial x_2} = -A_2 \\ \dfrac{\mathrm{d}x_2}{\mathrm{d}\xi} = V^3 P_2 \end{cases} \tag{3.12}$$

由式(3.12)得

$$P_1 = P_{10} = P(\text{常数}), \quad P_2 = P_{20} - A_2(\xi - \xi_0)$$

对式(3.12)的第三个方程两边积分得

$$x_2(\xi) = A_2^{-1}(x^{\frac{1}{2}} - V_0) + x_{20}$$

其中，$x^{-1} = [A_2(\xi - \xi_0) - P_{20}]^2 + V_0^{-2} - P_{20}^2$，$\dfrac{\mathrm{d}x_1}{\mathrm{d}\xi} = V^3 P_1$。

$$\mathrm{d}x_1 = V^3 P \mathrm{d}\xi = P\,[V_0 + A_2(x_2 - x_{20})]^3 \mathrm{d}\xi$$

把 x_2 代入前式并两边积分得

$$x_1 = x_{10} + \frac{PA_2^{-1}}{V_0^{-2} - P_{20}^2}\left\{x^{\frac{1}{2}}[A_2(\xi - \xi_0)] - P_{20} + V_0 P_{20}\right\}$$

注意到式(3.4)有

$$P^2 + P_{20}^2 = V_0^{-2}$$

所以 $V_0^{-2} - P_{20}^2 = P^2$

因此

$$x_1 = x_{10} + \frac{PA_2^{-1}}{V_0^{-2} - P_{20}^2}\left\{x^{\frac{1}{2}}\left[A_2(\xi - \xi_0) - P_{20}\right] + V_0 P_{20}\right\}$$

$$\frac{\mathrm{d}T}{\mathrm{d}s} = V, \quad T(\xi) = T_0 - A_2^{-1}\ln\left\{\left[x^{\frac{1}{2}} - A_2(\xi - \xi_0) + P_{20}\right]/(V^{-1} + P_{20})\right\}$$

最后整理得

$$\begin{cases} P_1 = P, P_2 = P_{20} - A_2(\xi - \xi_0) \\ x_1 = x_{10} + (PA_2)^{-1}\left[x^{\frac{1}{2}} A_2(\xi - \xi_0) - P_{20} + V_0 P_{20}\right] \\ x_2 = x_{20} + A_2{}^{-1}(x^{\frac{1}{2}} - V_0) \\ T = T_0 - A_2{}^{-1}\ln\left\{\left[x^{\frac{1}{2}} - A_2(\xi - \xi_0) + P_{20}\right]/(V_0{}^{-1} + P_{20})\right\} \end{cases} \tag{3.13}$$

实际上式(3.13)中射线路径为一圆弧，通过简单运算可把式(3.13)化为如下标准形式：

$$\left[x_1 - x_{10} - (PA_2)^{-1} V_0 P_{20}\right]^2 + (x_2 - x_{20} + A_2{}^{-1} V_0)^2 = (PA_2)^{-2}$$

以上介绍的解析法，其适用范围较小，因为实际地质构造比较复杂，即速度分布比较复杂，而解析法只能对少数特殊的速度分布实现射线追踪，如速度是常梯度、慢度平方是常梯度，以及慢度平方是多项式的情形。

3.1.2　打靶法

打靶法(shooting method)是对变分问题式(3.2)或其等价形式的初值问题求路径的数值解，实际中有用的是边值问题，即已知起始点 S 与终点 R，求连接 S 到 R 的最短时间路径。打靶法的基本思想是通过调整初值，即射线入射角度来搜寻终点。

采用旅行时 t 作为参数，记路径 $\boldsymbol{r}(t) = (x(t), y(t))^{\mathrm{T}}$，定义是向量 $\boldsymbol{\sigma}(t)$ 满足

$$\boldsymbol{r}'(t) = V^2 \boldsymbol{\sigma}(t) \tag{3.14}$$

即 $\boldsymbol{\sigma}(t)$ 的方向为切线方向，大小等于 $\frac{1}{V}$。

把式(3.2)改为 t 作参数的形式，为

$$\frac{\mathrm{d}}{\mathrm{d}t}\left(\frac{1}{V^2}\begin{pmatrix}\dot{x} \\ \dot{y}\end{pmatrix}\right) = -\frac{1}{V}\begin{pmatrix}V_x \\ V_y\end{pmatrix} \tag{3.15}$$

由 $\boldsymbol{\sigma}(t)$ 的定义得

$$\boldsymbol{\sigma}(t) = -\frac{1}{V}\begin{pmatrix}V_x \\ V_y\end{pmatrix} = -\frac{1}{V}\nabla V \tag{3.16}$$

式(3.14)与式(3.16)组成了射线方程,其中有的方程不独立,采用角度去掉多余的方程,设

$$\boldsymbol{r}(t)=|\boldsymbol{r}'(t)|(\cos\alpha\boldsymbol{i}+\sin\alpha\boldsymbol{j})=V(\cos\alpha\boldsymbol{i}+\sin\alpha\boldsymbol{j})$$

其中,$\alpha=\alpha(t)$ 是切线与 $\boldsymbol{i}$ 的夹角,则

$$\boldsymbol{\sigma}(t)=\frac{1}{V^2}\boldsymbol{r}'(t)=\frac{1}{V}(\cos\alpha\boldsymbol{i}+\sin\alpha\boldsymbol{j})$$

$$\sigma'(t)=-\frac{1}{V^2}(V_x\dot{x}+V_y\dot{y})(\cos\alpha\boldsymbol{i}+\sin\alpha\boldsymbol{j})+\frac{1}{V}(-\sin\alpha\cdot\dot{\alpha}\boldsymbol{j}+\cos\alpha\cdot\dot{\alpha}\boldsymbol{i})$$

记 $\boldsymbol{e}_1=\cos\alpha\boldsymbol{i}+\sin\alpha\boldsymbol{j}$, $\boldsymbol{e}_2=-\sin\alpha\boldsymbol{i}+\cos\alpha\boldsymbol{j}$,则

$$\boldsymbol{\sigma}'(t)=f\boldsymbol{e}_1+\frac{1}{V}\dot{\alpha}(t)\boldsymbol{e}_2=-\frac{1}{V}\nabla V \tag{3.17}$$

式中,$f=-\frac{1}{V^2}(V_x\dot{x}+V_y\dot{y})$。式(3.17)两边与 $\boldsymbol{e}_2$ 作内积,注意到 $(\boldsymbol{e}_1,\boldsymbol{e}_2)=0$, $(\boldsymbol{e}_1,\boldsymbol{e}_2)=1$,得

$$\alpha'(t)=-\nabla V\cdot\boldsymbol{e}_2=V_x\sin\alpha-V_y\cos\alpha$$

从而射线方程最终化为一阶常微分方程组:

$$\begin{cases}x'(t)=V(x,y)\cos\alpha\\ y'(t)=V(x,y)\sin\alpha\\ \alpha'(t)=V_x\sin\alpha-V_y\cos\alpha\end{cases} \tag{3.18}$$

当给定初值 α_0,x_0,y_0 时,式(3.18)可用龙格-库塔法求其数值解。

打靶法不但可能会出现盲区,而且可能会出现追踪路径并非最短路径的情况。

3.1.3 弯曲法

弯曲法(bending method)是直接求解两点边值问题的方法,基本思想是首先假设一条连接 S 到 R 的曲线 $\boldsymbol{x}^0(\lambda)=(x^0(\lambda),y^0(\lambda))^{\mathrm{T}}$ 作为初始路径,然后进行修正得到下一次近似 $\boldsymbol{x}^1(\lambda)=x^0(\lambda)+\varepsilon^0(\lambda)$,其中 $\boldsymbol{\varepsilon}^0(\lambda)=(\xi^0(\lambda),\eta^0(\lambda))^{\mathrm{T}}$ 为修正量,这样循环往复直至修正量很小为止。

下面导出修正量 $\varepsilon^n(\lambda)$ 的公式,把式(3.1)采用任意参数 q 写成如下形式:

$$T=\int_{q_0}^{q}S(x,y)\sqrt{\dot{x}^2(q)+\dot{y}^2(q)}\,\mathrm{d}q \tag{3.19}$$

式中,$S(x,y)=V^{-1}(x,y)$,路径向量 $\boldsymbol{X}(q)$ 的分量分别为 $x=x(q)$, $y=y(q)$,记 $F(\dot{x},\dot{y})=\sqrt{\dot{x}^2(q)+\dot{y}^2(q)}$,则式(3.19)的欧拉方程为

$$\frac{\mathrm{d}}{\mathrm{d}q}(SF)_{\dot{x}}=(SF)_x \tag{3.20}$$

$$\frac{\mathrm{d}}{\mathrm{d}q}(SF)_{\dot{y}} = (SF)_y \tag{3.21}$$

由式(3.20)和式(3.21)得

$$\frac{\mathrm{d}}{\mathrm{d}q}[SF - (\dot{x}(SF)_{\dot{x}} + \dot{y}(SF)_{\dot{y}})] = 0$$

所以

$$SF - [\dot{x}(SF)_{\dot{x}} + \dot{y}(SF)_{\dot{y}}] = 常数 \tag{3.22}$$

把 F 代入式(3.22)得上面常数为零,所以有

$$SF = \dot{x}(SF)_{\dot{x}} + \dot{y}(SF)_{\dot{y}} \tag{3.23}$$

注意到式(3.23)蕴含式(3.20)和式(3.21),所以式(3.20)和式(3.21)不独立,去掉式(3.21),令 $q = \frac{S}{L}$,S 是弧长参数,L 是总弧长,这时另记 $\lambda = q$,则 $\lambda \in [0,1]$。因为 $\frac{\mathrm{d}S}{\mathrm{d}\lambda} = F(\dot{x},\dot{y}) = L =$ 常数,所以 $\frac{\mathrm{d}F}{\mathrm{d}\lambda} = 0$,这时射线方程满足如下方程组:

$$\begin{cases} \frac{\mathrm{d}}{\mathrm{d}\lambda}(SF)_{\dot{x}} - (SF)_x = 0 \\ \frac{\mathrm{d}F}{\mathrm{d}\lambda} = 0 \\ x(0) = x_0, \quad y(0) = y_0 \\ x(1) = x_1, \quad y(1) = y_1 \end{cases} \tag{3.24}$$

记

$$\begin{cases} Q_1 = \frac{\mathrm{d}}{\mathrm{d}\lambda}(SF)_{\dot{x}} - (SF)_x \\ Q_2 = \frac{\mathrm{d}F}{\mathrm{d}\lambda} \end{cases} \tag{3.25}$$

下面采用线性化方法求解式(3.24),设初始路径 $\boldsymbol{x}^0(\lambda) = (x^0(\lambda), y^0(\lambda))^{\mathrm{T}}$,由 $x^n(\lambda)$ 到 $x^{n+1}(\lambda)$ 的迭代修正量为 $\boldsymbol{\varepsilon}^n(\lambda) = (\xi^n(\lambda), \eta^n(\lambda))^{\mathrm{T}}$,即

$$x^{n+1}(\lambda) = x^n(\lambda) + \varepsilon^n(\lambda) \tag{3.26}$$

把 Q_1, Q_2 进行 Taylor 展开,并把式(3.26)代入 Q_1, Q_2 在 $x^n(\lambda)$ 展开得

$$\begin{cases} Q_1 + \varepsilon^n \frac{\partial Q_1}{\partial x} + \dot{\varepsilon}^n \frac{\partial Q_1}{\partial \dot{x}} + \ddot{\varepsilon}^n \frac{\partial Q_1}{\partial \ddot{x}} + O((\varepsilon^n)^2) = 0 \\ Q_2 + \varepsilon^n \frac{\partial Q_2}{\partial x} + \dot{\varepsilon}^n \frac{\partial Q_2}{\partial \dot{x}} + \ddot{\varepsilon}^n \frac{\partial Q_2}{\partial \ddot{x}} + O((\varepsilon^n)^2) = 0 \end{cases} \tag{3.27}$$

式(3.27)中每个偏导数都是在 $x^n(\lambda)$ 取值，由式(3.25)有

$$\begin{cases} Q_1 = -S_x\dot{y}^2 + S_y\dot{x}\dot{y} + S\ddot{x} \\ Q_2 = \dot{x}\ddot{x} + \dot{y}\ddot{y} \end{cases} \tag{3.28}$$

把式(3.28)代入式(3.27)并去掉高阶小量得如下迭代格式(去掉上标 n)：

$$\begin{cases} S\xi + (\dot{y}S_y)\xi + (\dot{x}\dot{y} + S_{xy} + \ddot{x}S_x - \dot{y}^2S_{xx})\xi + (\dot{x}S_y - 2\dot{y}S_x)\dot{\eta} \\ + (\dot{x}\dot{y}S_{yy} - \dot{y}^2S_{xy} + \ddot{x}S_y)\eta = -Q_1 \\ \dot{x}\xi + \ddot{x}\xi + \dot{\eta}\ddot{\eta} + \ddot{y}\dot{\eta} = -Q_2 \end{cases} \tag{3.29}$$

边界条件：$\varepsilon(0) = \varepsilon(1) = 0$

可用差分法来求解式(3.29)，差分法方程组具有下面形式：

$$\begin{pmatrix} \square & \square & & & & \\ \square & \square & \square & & & \\ & \square & \square & \square & & \\ & & \cdots & \cdots & & \\ & & & \square & \square & \square \\ & & & & \square & \square \end{pmatrix} \begin{pmatrix} \xi(1) \\ \eta(1) \\ \xi(2) \\ \eta(2) \\ \vdots \\ \vdots \end{pmatrix} = \begin{pmatrix} -Q_1(1) \\ -Q_2(1) \\ -Q_1(2) \\ -Q_2(2) \\ \vdots \\ \vdots \end{pmatrix} \tag{3.30}$$

式中，每个子块阵为 2×2 矩阵，采用 LU 分解法来求解上面线性方程组。在迭代过程中可以使用扰动量 $\varepsilon^n(\lambda)$ 的均方根 $E^n = \left\{\int_0^1 |\varepsilon^n(\lambda)|^2 d\lambda\right\}^{\frac{1}{2}}$ 来判断迭代是否结束，即如果 E^n 小于给定的小量时，则迭代结束。

3.1.4 Vidale 方法

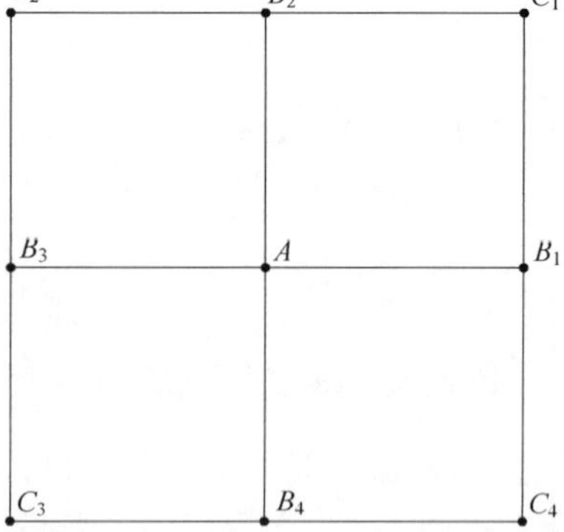

Vidale 方法[49]计算的是波阵面而不是射线路径，如二维情况，可用正方形的网格对慢度模型进行离散化，如图 3.1 所示。

图 3.1 离散化后形成正方形网格

根据程函方程

$$\left[\frac{\partial t(x,z)}{\partial x}\right]^2 + \left[\frac{\partial t(x,z)}{\partial z}\right]^2 = s^2(x,z) \tag{3.31}$$

对式(3.31)中的偏导数用有限差分进行离散近似，设地震波到达点 A、B_1、B_2

的走时分别为 t_0、t_1、t_2，则

$$\frac{\partial t}{\partial x}=\frac{1}{2h}(t_0+t_2-t_1-t_3) \tag{3.32a}$$

$$\frac{\partial t}{\partial z}=\frac{1}{2h}(t_0+t_1-t_2-t_3) \tag{3.32b}$$

式中，h 为离散网格单元的边长。将以式(3.32a)和式(3.32b)代入式(3.31)，可得点 C_1 的走时为

$$t_3=t_0+\sqrt{2\,(hs)^2-(t_2-t_1)^2} \tag{3.33}$$

式中

$$s=\frac{S_A+S_{B_1}+S_{B_2}+S_{C_1}}{4}$$

式(3.33)为平面波外推公式，可在波前曲率较大时保证走时计算精度，Vidale 又提出一种球面波外推公式，取 A 点为坐标原点，则波阵面的曲率中心的坐标及走时分别为 $-x_s$、$-z_s$ 和 t_s，点 A、B_1、B_2 和 C_1 处的走时分别为

$$t_0=t_s+s\sqrt{x_s^2+z_s^2} \tag{3.34a}$$

$$t_1=t_s+s\sqrt{(x_s+h)^2+z_s^2} \tag{3.34b}$$

$$t_2=t_s+s\sqrt{x_s^2+(z_s+h)^2} \tag{3.34c}$$

$$t_3=t_s+s\sqrt{(x_s+h)^2+(z_s+h)^2} \tag{3.34d}$$

式(3.34a)～式(3.34d)为球面波外推公式，在计算过程中，既可单独使用式(3.33)或式(3.34)进行走时外推，也可将二者结合起来使用，但式(3.34)涉及波前曲率中心的计算，因此计算量较大。

为使走时计算满足地震波传播过程中的因果律及保持计算过程的稳定性，Vidale 方法采用一种“扩展方阵”的形式进行走时外推(以图 3.2 为例)。

(1) 首先从已知走时的、围绕震源的正方形上的节点开始(图中细实线)，根据该正方形上节点的已知走时计算其外侧相邻另一正方形上节点的未知走时，即外推方向是由震源逐步向外的。

(2) 在每次外推过程中，计算顺序为，从待求正方形的任意一边开始，在完成四边的计算后，还需要先找出其内侧相邻正方形上走时为极小值的节点，设其为 t_B，如图 3.3 所示，其两边节点上的时间为 t_A 和 t_C，则与 t_B 对应的外侧相邻正方形上节点的走时 t_D 为

$$t_D=t_B+\sqrt{(hs)^2-0.25\,(t_C-t_A)^2} \tag{3.35}$$

(3) 从 t_D 开始，根据式(3.33)和式(3.34)分别计算同一条边上其他点的

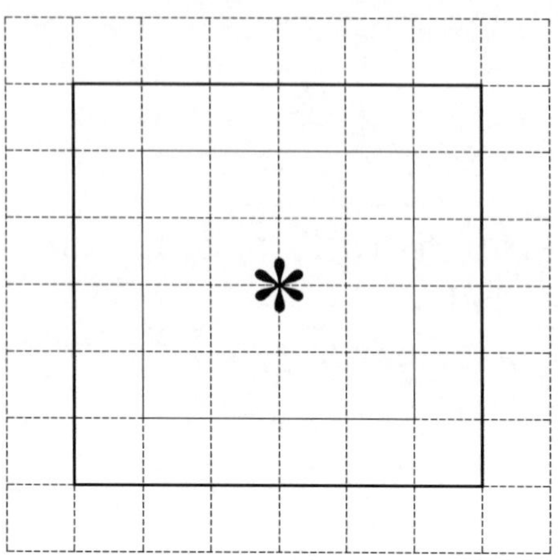

图 3.2 Vidale 走时外推示意图

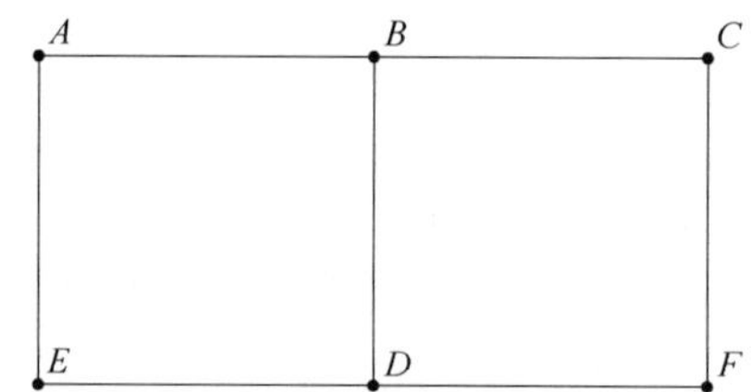

图 3.3 相对时间极小点走时外推示意图

走时，直到遇到正方形顶点或其对应的内侧相邻正方形上节点走时为相对极大值时停止。

(4) 重复步骤(1)～(3)，即可求出整个计算区域内网格点上地震波的最小走时。

当介质中存在较大的速度间断时，Vidale 方法会出现不稳定，因此，在 Vidale之后，相当一部分关于程函方程有限差分法的研究主要是针对上述问题，其中 Qin[52]在 Vidalc 扩展方阵的基础上实现了扩展波前的递推方法，但计算量增加很大；Podvin[53]也是按扩展方阵的方式求取走时，对每一个网格节点，系统地比较来自各个方向的透射波、衍射波和首波。例如，对图 3.2 中的 D 点而言，要求比较可能来自 E、B、F 三点的首波，可能来自 A、C 两点的衍射波，及可能来自 EA、AB、BC、CF 的透射波。如果还考虑回转波，则有 4 个首波、4 个衍射波及 8 个透射波需要考虑。Podvin 采用的扩展方阵方式与 Vidale 方法相同，即从上一方阵面的走时相对极小点开始到走时相对极大点结束，考虑到这种情况，则只需比较 2 个可能的透射波、2 个可能的首波与 1 个衍射波，与 Vidale 方法相比，Podvin 的方法同样增加了很多计算量，但其稳定性相当好。

3.1.5　van Trier 法

van Trier[54]首先将程函方程式(3.31)化为守恒型程函方程，然后用有限差分法(上风法)直接求解变换后的方程，进而求出地震波场的最小走时。

二维极坐标系中程函方程可表示为

$$\left[\frac{\partial t}{\partial r}\right]^2+\left[\frac{1}{r}\frac{\partial t}{\partial \theta}\right]^2=S^2(t,\theta) \tag{3.36}$$

令 $u=\dfrac{\partial t}{\partial \theta}$，定义

$$F(u)=\sqrt{S^2-\frac{u^2}{r^2}} \tag{3.37}$$

u 与 $F(u)$ 满足

$$\frac{\partial u}{\partial r}=\frac{\partial F(u)}{\partial \theta} \tag{3.38}$$

方程式(3.38)满足双曲守恒方程的形式，$F(u)$称为守恒通量函数。

van Trier 采用上风法(upwind method)求解方程式(3.38)，得

$$u_j^{n+1}=u_j^n+\frac{\Delta r}{\Delta \theta}[\Delta_+ F_-(u_k^n)+\Delta_+ F_+(u_j^n)] \tag{3.39}$$

式中，n 和 j 分别为 r 方向和 θ 方向的离散样点数。

$$\Delta_- u=u_j-u_{j-1}$$
$$\Delta_+ u=u_{j+1}-u_j$$

$\Delta_+ u$、$\Delta_- u$ 分别为向后、向前差分算子，且

$$F_+(u)=F(\max(u,\bar{u}))$$
$$F_-(u)=F(\min(u,\bar{u}))$$

式中，$\bar{u}$ 为函数 $F(u)$ 的驻点，即 $F'(\bar{u})=0$。

在极坐标系下，由初始条件及式(3.39)即可求出所求网格点上的慢度分量 u 及 $F(u)$，对 u 及 $F(u)$ 积分即可求出网格点上的走时。

上述算法的主要局限性在于守恒通量函数 $F(u)$ 的计算。当介质速度梯度较大时，$F(u)$ 可能变为虚数，从而导致计算终止；另外，在实际应用中，常常需要频繁地进行极坐标网格到直角坐标网格的走时转换，这在一定程度上也增加了计算量。

3.1.6 WFRT 法

WFRT 方法[55]的基本出发点为 Huygens 原理,根据介质的非均匀程度,将所要研究的介质分割成大小相等的矩形网格,每个矩形网格单元内的速度可视为均匀的,称为第一次分割;然后再根据计算精度的要求将每一矩形网格进一步分成均匀等份的小矩形网格,称为第二次分割。以图 3.4 为例,假定原点位于介质模型左边界,根据 Huygens 原理,每个网格点均可相继作为次级源,对于每个次级源,选取其右上角(或右下角)的一个含有 5×5 个小网格的矩形方块,称为计算方块。当计算方块里不包含速度分界面时,波在 90°范围内,从次级源点向计算方块里的网格点传播时,在同一方向上,可能会遇到若干网格点,但只需计算其中与次级源直线距离最小的一点,这些网格点称为计算网格点。

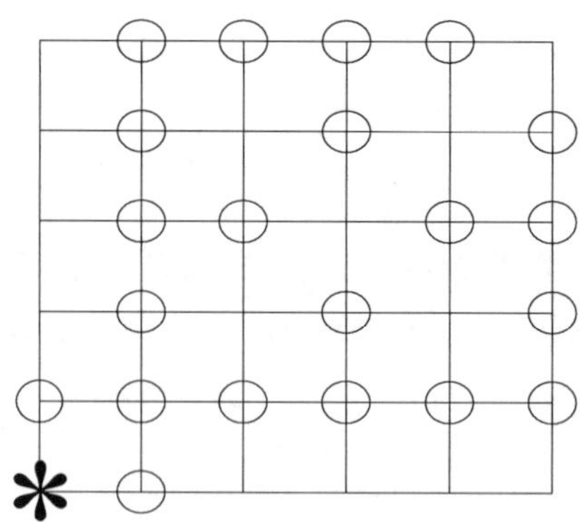

图 3.4 计算方块与计算网格点

从源点出发,按上述方法选取一计算方块,计算波从源点到计算网格点的透射走时,然后把除源点外的所有计算网格相继当做次级源,计算其相应计算方块中计算网格上的走时,对于同一网格点可能存在的不同透射走时,选取其中最小值作为该点走时。WFRT 方法的特色在于,在射线追踪过程中,系统地考虑了计算方块速度界面可能存在的组合形式,并根据 Snell 定律对此做了细致的处理,较大地提高了计算速度。对透射波而言,共有二种涉及界面的传播路径,即直线、平界面的一次透射及直角界面的二次透射,如图 3.5 所示。

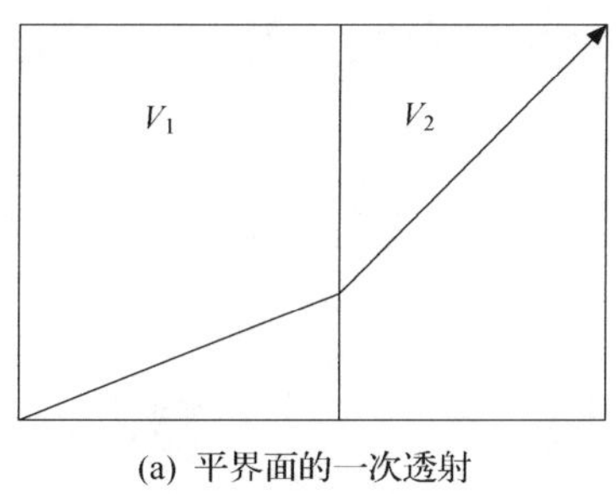

(a) 平界面的一次透射

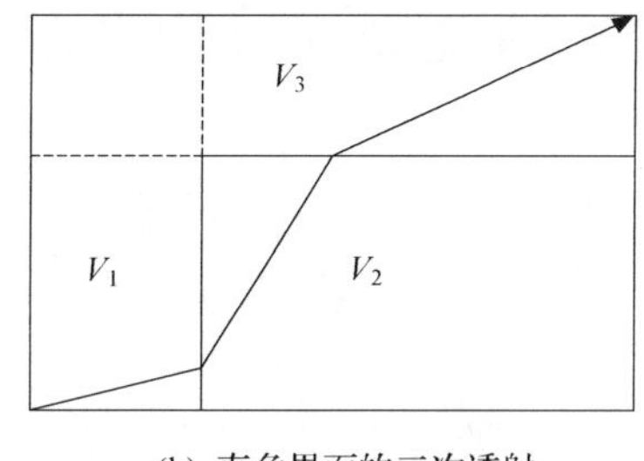

(b) 直角界面的二次透射

图 3.5　传播路径

3.1.7　最短路径法

最短路径法的基础是 Fermat 原理及图论中的最短路径理论，利用最短路径的思路求解程函方程，Moser[57] 和刘洪等[64] 都做了大量工作，这些方法的基本思路相同，只不过具体实现步骤上存在差异。

以刘洪等的方法为例，首先将波阵面看成由有限个离散点次级源组成，由一个已知走时点(如源点)出发，根据 Fermat 原理逐步计算最小走时及射线方向，设 Q 为已知走时点 q 的集合，p 为与其相邻的未知走时点，t_q 和 t_p 分别 q 和 p 点的最小走时，t_{qp} 为 q 至 p 的最小走时，r 为 p 的次级源位置，则

$$\{r = q : t_p = \min(t_p + q_{qp})\} \tag{3.40}$$

根据 Huygens 原理，q 只需遍历 Q 的边界(即波前点)，当所有波前邻点的最小走时都求出时，这些点又成为新的波前点。

计算中，通常将速度模型离散成分块均匀的正方形单元，则每一单元内射线为直线段。设源点的走时为零，除源点外其他节点的走时为无穷大，先选定一个扫描中心，如果源点位于某一正方形单元的一个顶点上，则源点就是所选的扫描中心，如果源点位于其他位置，则选择该源点领域的左上顶点作为扫描中心，如图 3.6(a)所示。在选定扫描中心 O 后，将以 O 为中心，r 为半边长的正方形称为扫描正方形，让 r 以单位步长逐步增加，对应的扫描正方形就以 O 为对称中心，逐渐扩大，扫过整个计算区域。在此过程中，把每一扫描正方形的上下左右四条边界上的节点作为波前点，按图 3.6(a)中箭头所示顺序进行邻域点最小走时及次级源修正，在向外扫描过程结束后，让 r 以单位步长逐渐减小，则相应的扫描正方形从模型边界向扫描中心收缩，在此过程中，也对每一个扫描正方形上的波前节点按图 3.6(b)中箭头方向所示顺序进行领域点最小走时及次级源修正，将这种扫描正方形扩展、收缩的计算过程依次进行下

去，直到所有节点上的走时不再减少时，就完成了所有节点上的全局最小走时计算。

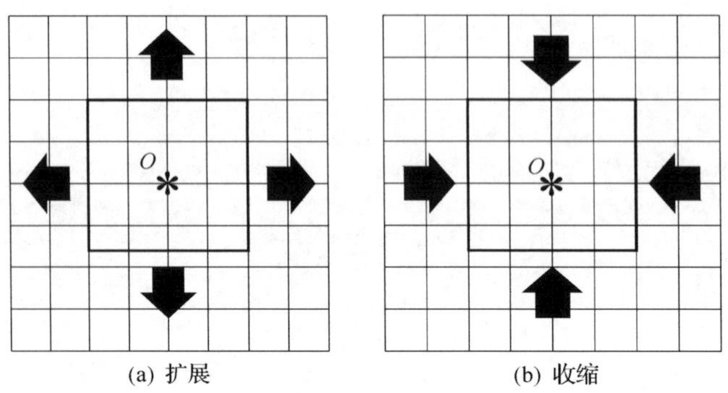

图 3.6 最短路径扫描正方形示意图

3.1.8 HWT(Huygens wavefront tracing)法

Sava 和 Fomel[70]认为，传统求解射线方程的射线追踪方法虽能求出多值走时。但缺乏稳健性，程函方程的有限差分法虽然具有稳健性，但只能计算最小走时。因此，Sava 和 Fomel 将两者结合起来，提出了一种新方法。

三维情况下，程函方程可表示为

$$\left\{\frac{\partial t}{\partial x}\right\}^2+\left\{\frac{\partial t}{\partial y}\right\}^2+\left\{\frac{\partial t}{\partial z}\right\}^2=\frac{1}{v^2(x,z)} \tag{3.41}$$

式中，x、y 和 z 为空间坐标；t 为走时；v 为介质速度。对于点源，射线的出射角 γ 和 φ 满足

$$\frac{\partial t}{\partial x}\frac{\partial \gamma}{\partial x}+\frac{\partial t}{\partial y}\frac{\partial \gamma}{\partial y}+\frac{\partial t}{\partial z}\frac{\partial \gamma}{\partial z}=0 \tag{3.42}$$

$$\frac{\partial t}{\partial x}\frac{\partial \varphi}{\partial x}+\frac{\partial \varphi}{\partial y}\frac{\partial \gamma}{\partial y}+\frac{\partial \varphi}{\partial z}\frac{\partial \gamma}{\partial z}=0 \tag{3.43}$$

式(3.42)和式(3.43)的物理意义为射线与波阵面的切线方向垂直。

式(3.41)～式(3.43)中隐含的走时 t、射线出射角 γ 和 φ 都是空间坐标 x、y、z 的函数，即

$$t=t(x,y,z) \tag{3.44a}$$

$$\gamma=\gamma(x,y,z) \tag{3.44b}$$

$$\varphi=\varphi(x,y,z) \tag{3.44c}$$

根据隐函数存在定理，射线轨迹的空间坐标 x、y、z 作为 τ、γ 和 φ 的函数

满足如下关系：

$$\left\{\frac{\partial x}{\partial \tau}\right\}^2+\left\{\frac{\partial y}{\partial \tau}\right\}^2+\left\{\frac{\partial z}{\partial \tau}\right\}^2=v^2(x,y,z) \tag{3.45}$$

由

$$\frac{\partial x}{\partial \tau}\frac{\partial x}{\partial \gamma}+\frac{\partial y}{\partial \tau}\frac{\partial y}{\partial \gamma}+\frac{\partial x}{\partial \tau}\frac{\partial x}{\partial \gamma}=0 \tag{3.46}$$

$$\frac{\partial x}{\partial \tau}\frac{\partial x}{\partial \varphi}+\frac{\partial y}{\partial \tau}\frac{\partial y}{\partial \varphi}+\frac{\partial z}{\partial \tau}\frac{\partial z}{\partial \varphi}=0 \tag{3.47}$$

对式(3.45)～式(3.47)进行离散化，可得

$$(x_{j+1}^{i,k}-x_j^{i,k})^2+(y_{j+1}^{i,k}-y_j^{i,k})^2+(z_{j+1}^{i,k}-z_j^{i,k})^2=(r_j^{i,k})^2 \tag{3.48}$$

$$\begin{aligned}&(x_j^{i,k}-x_{j+1}^{i,k})(x_j^{i+1,k}-x_j^{i-1,k})+(y_j^{i,k}-y_{j+1}^{i,k})(y_j^{i+1,k}-y_j^{i-1,k})\\&+(z_j^{i,k}-z_{j+1}^{i,k})(z_j^{i+1,k}-z_j^{i-1,k})=r_j^{i,k}(r_j^{i+1,k}-r_j^{i-1,k})\end{aligned} \tag{3.49}$$

$$\begin{aligned}&(x_j^{i,k}-x_{j+1}^{i,k})(x_j^{i,k+1}-x_j^{i,k-1})+(y_j^{i,k}-y_{j+1}^{i,k})(y_j^{i,k+1}-y_j^{i,k-1})\\&+(z_j^{i,k}-z_{j+1}^{i,k})(z_j^{i,k+1}-z_j^{i,k-1})=r_j^{i,k}(r_j^{i,k+1}-r_j^{i,k-1})\end{aligned} \tag{3.50}$$

式(3.48)～式(3.50)中，i、j、k 分别为 γ、φ、τ 的离散指标；$r_j^{i,k}=\Delta\tau v_j^{i,k}$，$\Delta\tau$ 为 τ 的离散步长，为离散点 (i,j,k) 处的速度。

由源点开始，在扩展波前根据式(3.48)～式(3.50)逐点外推，就可完成整个计算区域内的射线追踪。该方法在稳健性、对阴影区的覆盖以及计算速度都具有一定的优越性，但由于该方法采用的离散方式为一阶精度，最终计算结果的精度仍需进一步研究。

3.1.9　慢度匹配(slowness matching)法

慢度匹配法的目的仍是求解多值走时问题，Symes[69]假设，地震波的射线都是下行的，即满足 $\frac{\mathrm{d}\tau}{\mathrm{d}z}>0$，如图 3.7 所示，考虑到达某一深度 z_f 的射线，定义

$$\tau^{\mathrm{up}}(x)=\tau(x,z_d,x_s,z_s) \tag{3.51a}$$

$$\tau^{\mathrm{dn}}(x)=\tau(x,z_d,x_f,z_f) \tag{3.51b}$$

根据 Fermat 原理，水平坐标 x_d 应使函数

$$F(x)=\tau^{\mathrm{up}}(x)+\tau^{\mathrm{dn}}(x) \tag{3.52}$$

取极值，即满足

$$\frac{\partial \tau}{\partial x}+\frac{\partial x^{\mathrm{dn}}}{\partial x}=0 \tag{3.53}$$

式(3.53)中的偏导数即为射线慢度，所以该方法称为慢度匹配法，用有限

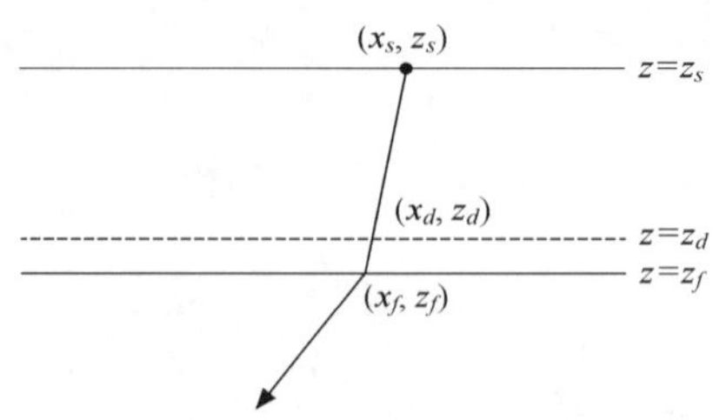

图 3.7 慢度匹配法示意图

差分对式(3.53)中的偏导数进行近似,在 $z = z_d$ 的平面上对离散点进行扫描,若发现式(3.53)右端的偏导数之和变号,则可通过内插求出式(3.53)的根,在求出所有满足方程式(3.53)的根后,即可得出所有离散网格点上的多值走时。

该算法的计算量很大,目前还不是一种可实用化的方法。

3.2 二维复杂区域三角网全局射线追踪法

3.2.1 基本原理描述

同时考虑空间所有离散点上的走时和射线路径的计算方法,称为射线路径和走时的全局计算方法,其理论基础是程函方程、Fermat 原理和 Huygens 原理。同样,三角网射线追踪全局计算方法的理论基础仍是 Huygens 和 Fermat 原理。对于一个复杂区域,采用前章三角剖分方法将区域介质参数化,并视每个三角单元慢度均匀。三角网射线追踪全局计算方法的基本步骤如下。

第一步,计算每个节点的初至旅行时。从震源或一个相对最小走时波前点出发,确定这一节点所在三角单元,称为当前最小走时三角单元。先计算、比较当前最小走时三角单元节点最小旅行时;再计算、比较此三角单元相邻三角单元节点的旅行时;再一次计算、比较当前最小走时三角单元节点旅行时,当当前最小走时三角单元各节点走时无变化时,对这一最小走时三角单元做出"休眠"标志,寻找下一个最小走时三角单元作为当前单元,以此类推,遍历所有三角单元。与一些将波前刻画成一条曲线不同,在追踪过程中,将所遍历的三角单元作为一个波行平面,因此当遇回转波时,先前已经"休眠"的三角单元将通过三角单元之间的传递而"激活",再次成为当前最小走时三角单元。

第二步,利用计算出的各节点的旅行时和方向信息确定射线路径。即根据每个节点的最小走时，从接收点出发，向源拾取射线路径。

3.2.2　三角单元射线追踪的拓扑关系及相关概念

三角形单元的定义是三角剖分的基础，也是射线追踪的基础，必须定义很好的结构表达三角形的拓扑关系，以提高算法的效率，并有利于算法实现。

1. 相关概念

图 3.8 为二维区域三角剖分形成的三角单元。规定：三角单元的三个顶点按逆时针方向排列，如 $A\to B\to C$，三边均为有向线段，如 AB、BC、CA；每个单元内速度均匀。在每个三角单元的三个边上设置相同数量的节点，节点距离可以均匀分配，也可以非均匀分配，这里采用均匀分配，且三角单元公共边设置的节点相同。

定义 3.1　二维区域内的所有点称为节点，包括源点、接收点、三角单元顶点及三角边插入点等，对应地，称之为源节点、接收节点、三角单元顶点节点及三角边插入节点。

定义 3.2　与三角单元的一个顶点相邻的所有三角单元顶点节点称为该三角单元顶点节点的邻域三角顶点，其方向定义为从该点指向邻域三角顶点，并约定邻域三角顶点绕该点逆时针排放。如图 3.9 所示，p_0 的邻域三角顶点分别为：p_1、p_2、p_3、p_4、p_5、p_6。

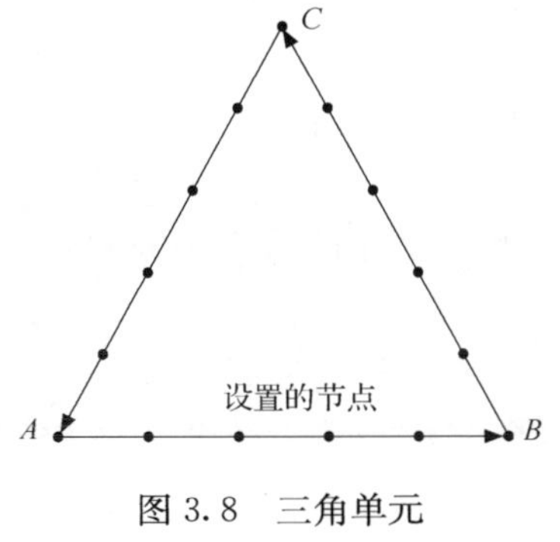

图 3.8　三角单元

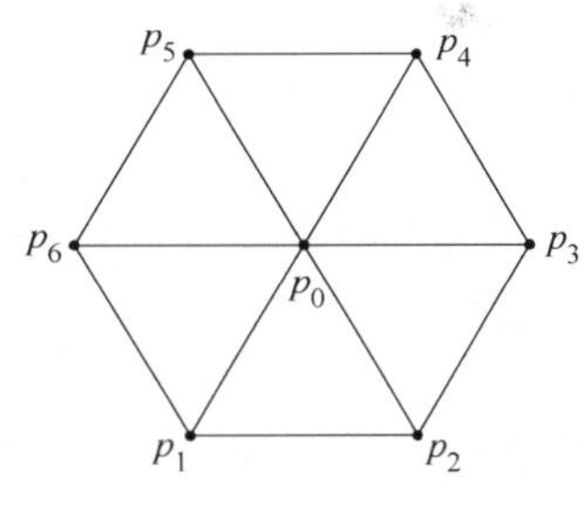

图 3.9　邻域三角顶点

定义 3.3　一个三角形单元内部或边上的任意两个相邻不同节点称为相邻点，并约定其指向性。一个节点的所有相邻点称为这个节点的邻域点，其方向定义为从该点指向邻域点，并约定邻域点绕该节点逆时针排放，为减少不必要的邻域点，同一边上，只保留了与该节点紧邻的节点。

对区域三角网而言，节点的邻域点在不考虑边界情况下主要有四种情形，如图 3.10 所示，节点 ss(空心圆)的邻域点 rr(所有实心圆)，即节点在三角单元顶点、节点在三角边的插入点、节点在三角边的插入点之间、节点在三角单元内部。对一个三角单元而言，针对图 3.10 中(a)、(b)、(c)三种情形，一个节点在该三角单元中的邻域点只需考虑在该三角单元中的邻域点。相应地，一个节点的邻域点可能包括三角单元顶点、三角边的插入点、三角边的插入点之间的点、三角单元内部点这四类节点。

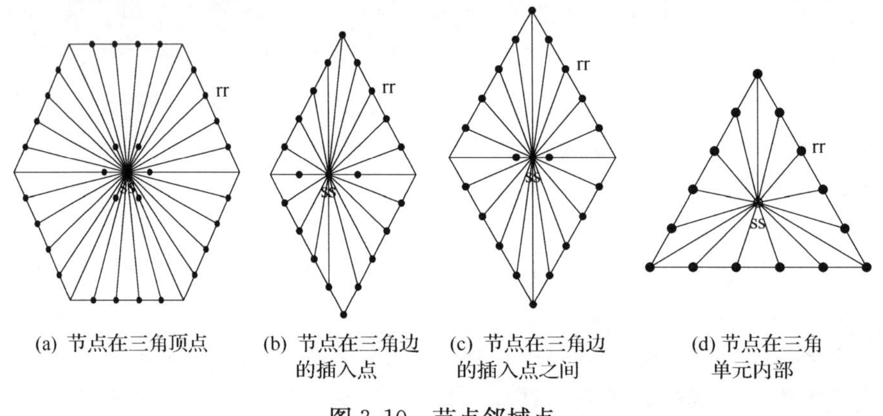

(a) 节点在三角顶点　(b) 节点在三角边的插入点　(c) 节点在三角边的插入点之间　(d) 节点在三角单元内部

图 3.10　节点邻域点

定义 3.4　在计算从一个已知节点走时到其邻域点的旅行时的过程中，该已知走时节点称为其邻域点的波前点，如图 3.10 中的 ss，其邻域点称为该节点的波前邻域点，如图 3.10 中的 rr。一个已知走时节点的次级源即为波由源传播到该节点所经历路径上的上一个邻域节点。因此，在计算波前点到其波前邻域点的旅行时过程中，各波前点可以相继看作其波前邻域点的次级源，但只有当遍历所有波前点时，各节点的次级源才是使该节点走时最小的上一个邻域节点。

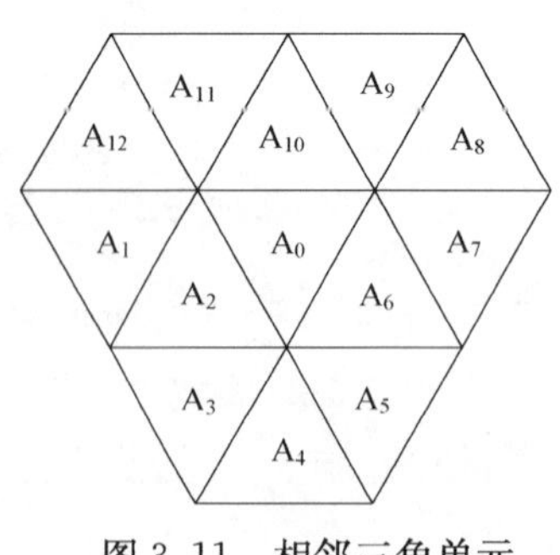

图 3.11　相邻三角单元

定义 3.5　与一个三角单元顶点或边相关的所有三角单元，称为该三角单元的相邻三角单元。如图 3.11 所示，三角单元 A_0 的相邻三角单元包括 $A_1 \sim A_{12}$ 12 个三角单元。下面将要定义的波行面的扩展与回转波的回传就是通过相邻三角单元来扩展和传递的。

定义 3.6　在二维平面内，某一时刻由波源点及波到达的每一个点构成的平面，称为波行面。在三角网射线追踪全局算法中，波行面的表现形式为，波遍历的三角单元组成的平面。值得说明的是，计算各节点的走时过程中，在完成整个区域的节点走时计算之前，波行面各节点的走时不一定必须是最小走时。

2. 类定义

为便于理解三角单元间的拓扑关系，采用 C++语言对三角网射线追踪的节点、三角单元、边进行类定义。

1）有向边类定义

```
class Edge                          //有向边类
{
public:
    Vertex *dest;                   //第二个点位置
    double  cost;                   //边的代价，可以是距离，也可以是时间；
    Triangle *lefttriangle;         //边的左三角形
    Triangle *righttriangle;        //边的右三角形
};
```

2）节点类定义

```
class Vertex
{
public:
    double x;                       //节点 x 坐标
    double y;                       //节点 y 坐标
    dcllist<Edge> adj_tri_ vex;     //该点相邻三角顶点
    dcllist<Edge> adj_wf_vex;       //该点邻域点
    Vertex *prev_vex;               //该点的次级源
    int     scratch;                //搜索标志
    double density;                 //该点三角单元密度控制大小
    double travel_time;             //由源点到该点的旅行时
    int mark;                       //边界标记，外边界点、内边界点、控制点
    double  adj_dist;               //与该点相邻的两点的距离
double  adj_ang;                    //与该点相邻的两点对剖分区域形成的角度
};
```

3）三角单元类定义

```
class Triangle//三角形类
{
```

```
public:
    dcllist<Vertex *>  tripoly;  //由三角单元顶点及边插入点构成的三角环
    Vertex *a, *b, *c;              //三角单元三个顶点
    double v;                       //三角单元波速
  bool scratch;                     //是否被遍历标志(休眠、激活标志)
    bool insert;                    //是否进入波阵平面标志
    double min_time;                //最小走时
    DCLLIST::iterator  min_time_itr;  //最小走时位置
    dcllist<Triangle *> adj_tri;    //相邻三角单元
};
```

3.2.3　节点次级源近似全局算法

1) 设置各节点的拓扑关系

三角网格参数化由于网格大小和形状的不规则性,网格间检索和数据点定位不如矩形网格参数化方式方便,为便于对三角网射线追踪,必须设置好各节点之间的拓扑关系,主要包括以下几类节点的拓扑关系。

(1) 按逆时针方向,设置各节点的邻域三角顶点,这里的节点包括源点、接收点、三角顶点及三角边的插入点,同时设置由节点至邻域三角顶点形成的有向边的左、右三角形,主要目的是便于查询三角形的相邻三角形。

(2) 按逆时针方向,设置各节点的邻域点,这里的节点包括源点、接收点、三角顶点及三角边的插入点,同时设置由节点至其邻域点形成的有向边的左、右三角形,主要目的是便于计算由波前点至波前邻域点的旅行时。将接收点和源点等同于三角顶点及三角边的插入点进行设置的一个优点是使得射线追踪不必对源点和接收点另行计算,路径拾取只需给出接收点坐标即可。

(3) 按逆时针方向,设置各三角单元的相邻三角单元,根据三角顶点的邻域三角顶点设置,主要目的是便于三角单元之间波的传递和波行面的扩展。

2) 波前邻域点最小走时计算及相应次级源的选定

波前邻域点最小走时计算及相应次级源的选定只需考虑在一个三角单元内进行,然后进行波行面的扩展,扩展细节见下一部分的描述。

图 3.12 是一个三角单元,设 ss 点是波前节点,其波前邻域点用实心圆表示,其中节点 rr 是 ss 的某一邻域点,它们的坐标分别为(x_{ss},y_{ss})和(x_{rr},y_{rr});(x_{rs},y_{rs})为节点 rr 次级源的坐标;t_{ss}为节点 ss 的走时;t_{rr}为节点 rr 的走时;v为三角单元的速度;t_{sr}为波从节点 ss 以速度 v 沿直线传播到节点 rr 所需的时间,则有

$$t_{sr} = [(x_{ss} - x_{rr})^2 + (y_{ss} - y_{rr})^2]^{\frac{1}{2}}/v \tag{3.54}$$

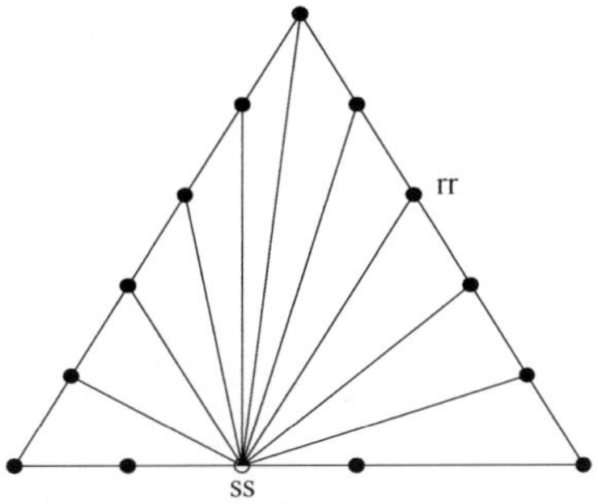

图 3.12　波前邻域点走时计算

于是可以求出节点 rr 的走时及相应的次级源节点坐标，即当$(t_{ss}+t_{sr})<t_{rr}$时，有

$$\begin{cases} t_{rr} = t_{ss} + t_{sr} \\ x_{rs} = x_{ss} \\ y_{rs} = y_{ss} \end{cases} \tag{3.55}$$

在一个三角单元内计算节点走时时，从这个三角单元走时最小的节点 ss 开始，然后让 ss 遍历该三角单元的所有节点，该三角单元的节点走时计算才算完毕，但各节点走时不一定就是最小走时，只有当 ss 经历所有波前点时，t_{rr}才变成最小走时，(x_{rs},y_{rs})才是真正的次级源坐标。

3）波行面扩展

Huygens-Fresnel 原理表明，在 t 时刻的波阵面 Σ 上的每个面源 dΣ 均可视为新的振动中心，它们发出次波。在空间某一点的振动是所有这些次波在该点的相干叠加。因此，在 $t+\Delta t$ 时刻的波阵面 Σ'是以 Σ 上的每一点为球心、半径为 $v(x)\Delta t$ 的球面的包络面。这里，$v(x)$是波阵面 Σ 上某一点的波速。如图 3.13 所示，在二维平面，Σ 与 Σ'分别为 t 及 $t+\Delta t$ 时刻的波阵曲线，当 Σ'与 Σ 距离充分小时，可以用三角环来逼近振动圆，通过三角单元节点的振动来得到波阵线 Σ'。然而在实际的计算中，要得到 t 时刻的波阵线将会非常复杂，而且采用波阵线扩展，也不利于回转波的传递。

本节做法是，利用波行平面，将波行平面的扩展视为一个递归过程，图 3.14 展示了波行面从(a)到(h)的扩展过程，源点在左上角，粗线三角单元表示当前三角单元。其算法描述如下。

(1) 设源点的走时为零，除源点外的其他节点的走时为无穷大。左上角

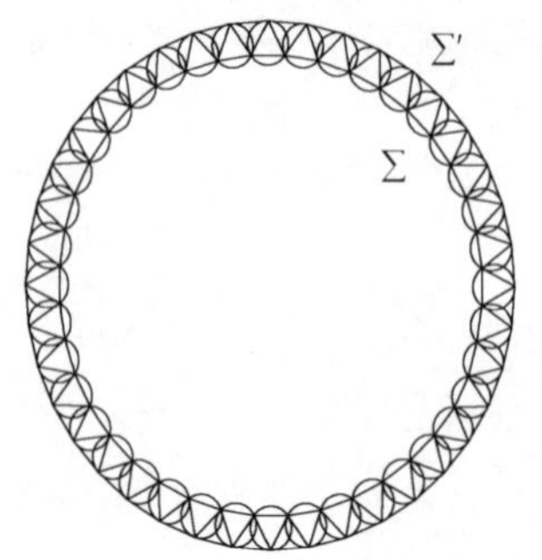

图 3.13 Huygens 原理三角逼近

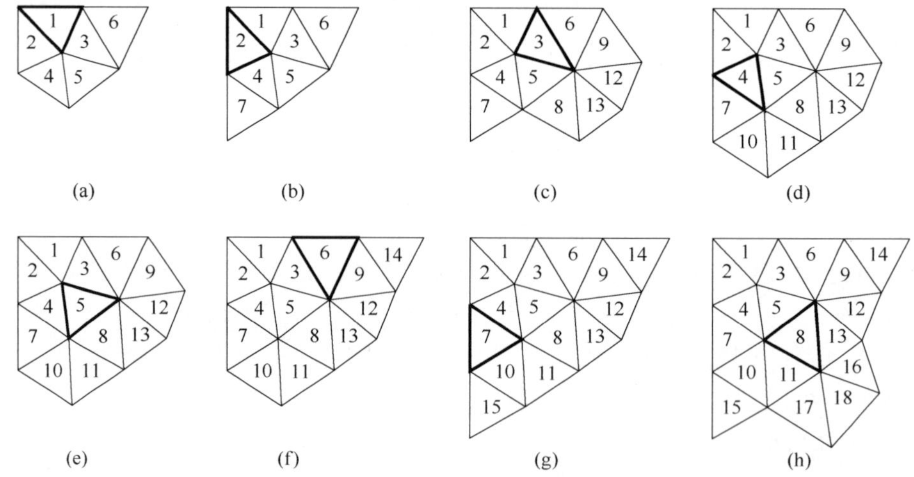

图 3.14 波行面从(a)到(h)的扩展过程

为 1、2 号三角单元的公共节点，只需将 1 号三角单元纳入波行面三角单元存储容器，2 号三角单元会自行遍历，并使 1 号三角单元处于“运算”状态，做出存在于波行面的标志。

(2) 如图 3.14(a)所示，在波行面三角单元存储容器中查找处于“激活”状态的三角单元中的最小走时节点，此时波行面三角单元存储容器只有 1 号三角单元，将 1 号三角单元作为当前三角单元，并将 1 号三角单元及其相邻的 2～6 号三角单元纳入波行面三角单元存储容器，标记为“激活”状态，同时做出存在于波行面的标志。

(3) 利用“波前邻域点最小走时及次级源位置计算”方法，计算、比较当前的 1 号最小走时三角单元各节点旅行时(从 1 号三角单元最小走时节点开始)；再计算、比较最小走时三角单元相邻的 2～6 号三角单元各节点的旅行时，当相邻的 2～6 号三角单元中的任一节点走时有变化时，将这一相邻三角单元做出“激活”标志；再一次计算、比较当前的 1 号最小走时三角单元节点旅行时，当 1 号最小走时三角单元各节点走时无变化时，对 1 号三角单元做出“休眠”标志。

(4) 如图 3.14(b)所示，与第(2)步类似，在波行面三角单元存储容器中查找处于“激活”状态的三角单元中的最小走时节点，这时波行面三角单元存储容器中有 1、2、3、4、5、6 号三角单元，1 号为“休眠”状态，2～6 号处于“激活”状态，则必找到左上角节点，这个节点位于 2 号三角单元。将 2 号三角单元作为当前最小走时三角单元，并将 2 号三角单元及其相邻的 1 号、3～7 号三角单元纳入波行面三角单元存储容器，并做出存在于波行面的标志，实际上 1～6 号已存在于波行面三角单元存储容器，2 号三角形只扩展 7 号三角单元。

(5) 与第(3)步类似，计算、比较 2 号三角单元节点旅行时(从 2 号三角单元最小走时节点开始)；再计算、比较最小走时三角单元相邻的 1 号、3～7 号三角单元节点的旅行时，当 1 号、3～7 号三角单元中的任一节点走时有变化时，将这一三角单元做出“激活”标志；再一次计算、比较当前的 2 号最小走时三角单元节点旅行时，当 2 号三角单元各节点走时无变化时，对 2 号三角单元做出“休眠”标志。

图 3.14 (c)～图 3.14 (h)的 3～8 号三角单元的扩展与 1、2 号三角单元扩展类似，即：3 号三角单元的相邻三角单元为 1、2、4、5、6、8、9、12、13 号，实际扩展了 8、9、12、13 号三角单元；4 号三角单元的相邻三角单元为 1、2、3、5、7、8、10、11 号，实际扩展了 10、11 号三角单元；5 号三角单元的相邻三角单元为 1、2、3、4、6、7、8、9、10、11、12、13 号，没有扩展；6 号三角单元的相邻三角单元为 1、3、5、8、9、12、13、14 号，实际扩展了 14 号三角单元；7 号三角单元的相邻三角单元为 2、4、5、8、10、11、15 号，实际扩展了 15 号三角单元；8 号三角单元的相邻三角单元为 3、4、5、6、7、9、10、11、12、13、16、17、18 号，实际扩展了 16、17、18 号三角单元。

以此方式遍历所有三角单元，当所有波行面的节点走时都不再变化，且所有波行面中的三角单元均处于“休眠”状态时，波行面扩展完毕。

与一些将波前刻画成一条曲线不同，该算法在于：将所遍历的三角单元作为一个波行平面，以波行面代替波前面；一方面通过最小走时三角单元与其相邻三角单元间的“激活”传递扩展波行面，另一方面当遇回转波时，也通过三角单元的相邻三角单元之间的传递将先前已经“休眠”状态的三角单元激活为

“激活”状态，而再次成为最小走时三角单元，无需另行“收缩”。这样就有效地解决了波的扩展和回传的问题。

4）波传播路径的向源检索

任意点到源点的射线路径通过向源检索完成。按节点的指针找到次级源坐标，次级源又成为新的开始节点，新节点的指针又可找到下一个次级源。这样依次找出各节点的次级源节点，直至源点结束。由于本书将源点和接收点按照三角节点统一处理，在向源检索过程中不必对接收点走时另行计算，直接检索即可。图 3.15 为第 2 章图 2.27 层状模型的射线追踪结果(为图示清楚，只画出上面两层的结果)，可以发现，基于节点次级源的全局算法，射线在均匀介质中是折线，这是由于波只在有限节点上传递的结果，这是下面要解决的问题。

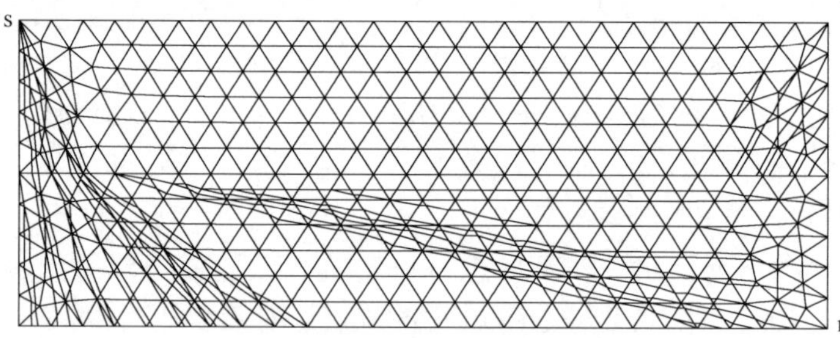

图 3.15　波传播路径的向源检索

3.2.4　次级源双曲线近似全局算法

在节点次级源近似全局算法中，邻域点的走时是用波前点走时加上波前点到邻域点局部走时的和表示的，这相当于把波前面看成是一系列离散点次级源，如图 3.16(a)所示。实际上到达每一节点的波并不一定正好是从网格上的波前点发出，而可能是从网格点之间的点发出，如图 3.16(b)所示。这样局部走时和次级源位置就要进行修正。

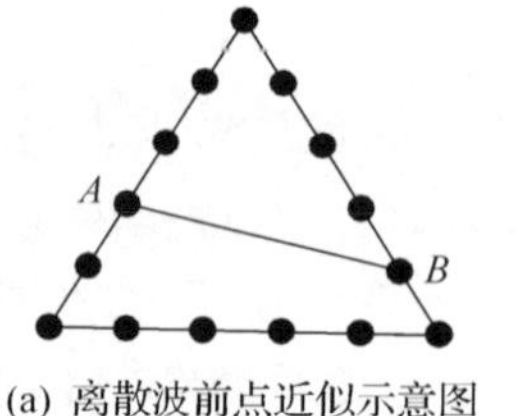

(a) 离散波前点近似示意图

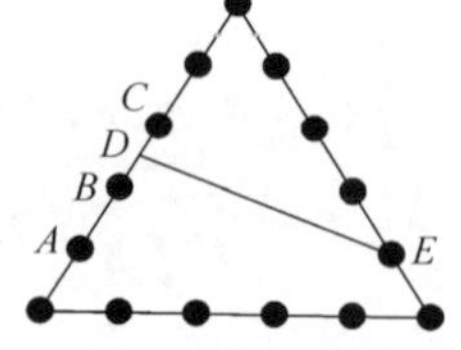

(b) 连续波前点近似示意图

图 3.16　波前不同近似的比较

采用与文献[64]类似的方式计算局部走时和次级源的位置。设某一点为局部原点(通常设为 B 点)，在 A、B、C 三点之间走时函数表示为 $t(x)$，x 为 AC 方向上局部一维坐标。设前方点 E 在 AC 方向上的局部坐标为 x_E，垂直 AC 方向的距离为 d，则经 AC 线上任一点 x 到达邻域点 E 的走时为

$$t_E = t(x) + [(x - x_E)^2 + d^2]^{\frac{1}{2}}/v \tag{3.56}$$

式中，v 为三角单元内的速度，令 x 在 AC 之间变化时，t_E 取极小，可求出波前点即次级源点 D：

$$\{x_D = x : t_E = \min_{x \in (A,C)} [t(x) + ((x - x_E)^2 + d^2)^{\frac{1}{2}}]/v\} \tag{3.57}$$

若 A、B、C 三点的局部坐标为 x_A、x_B、x_C，三点的走时为 t_A、t_B、t_C，则用双曲线近似计算 AC 上任一点走时，有

$$\begin{aligned} t(x) = \{ & t_A^2[(x - x_B)(x - x_C)]/[(x_A - x_B)(x_A - x_C)] \\ & + t_B^2[(x - x_A)(x - x_C)]/[(x_B - x_A)(x_B - x_C)] \\ & + t_C^2[(x - x_A)(x - x_B)]/[(x_C - x_A)(x_C - x_B)]\}^{1/2} \end{aligned} \tag{3.58}$$

容易证明，当介质均匀时，$t(x)$ 是某一点源引起的走时，式(3.58)是严格精确的。当介质不均匀时，双曲线近似也是三点走时插值方法中精度最高的。式(3.58)是一个极小值求解问题，可采用梯度法、黄金搜索等方法求得 x_D。图 3.17 为一计算实例，源点在左上角，显示出各节点的次级源，如节点 A 的次级源为 B。

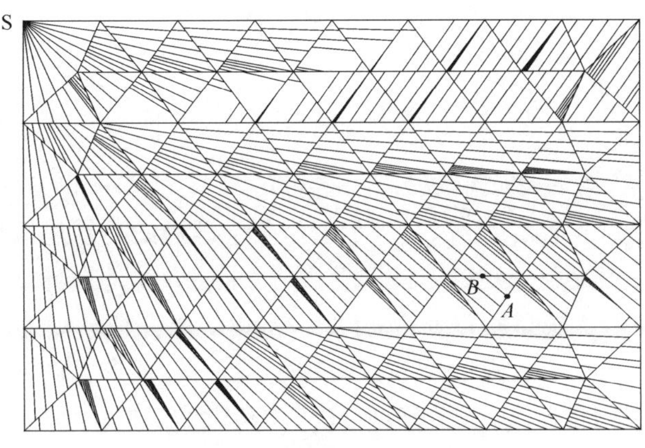

图 3.17　各节点的次级源

图 3.18 表示节点 E 的次级源 F 的检索。根据节点 E 的位置，有以下几类节点的次级源检索。

(1) 当节点 E 位于三角单元内部时,如图 3.18(a)所示,通过双曲线近似和最小走时搜索从三角单元三边上找到次级源,算出该节点走时。

(2) 当节点 E 是三角顶点或三角边的插入点时(图 3.18(b)),可直接拾取次级源。

(3) 当节点 E 位于三角边插入点 A、C 之间时,检索 E 的次级源 F 要依据 A 的次级源 B 与 C 的次级源 D。这时主要会遇到如图 3.18(c)和图 3.18(d)所示的两种情况:(c)情形是 A 的次级源 B 与 C 的次级源 D 在一个三角单元内;(d)情形就相当复杂,由于 C 点是三角顶点,C 的次级源 D 可能就存在于其他三角单元内。对图 3.18(c)和图 3.18(d)两种情况,也通过双曲线近似和最小走时搜索从三角单元相应边上寻找次级源,并算出该节点走时。

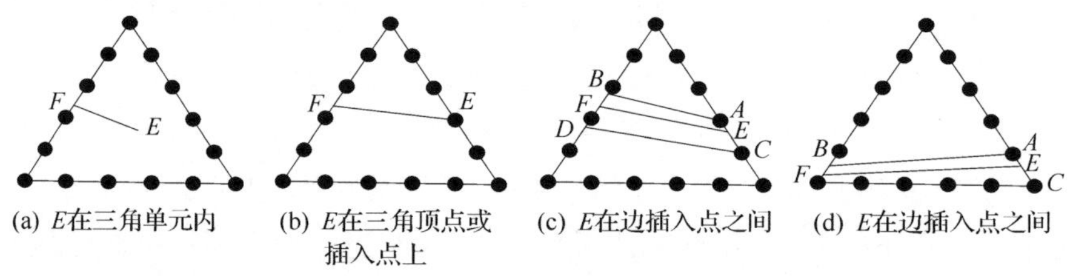

图 3.18 节点次级源检索

3.3 数值模拟

3.3.1 算例

1) 水平层状均匀介质模型

图 3.19 为第 2 章图 2.27(a)所示模型 1 个源点的射线追踪结果。图中源点位于左上角,接收点分别位于模型上边界、右边界及下边界。第 1 层介质速度为 2000m/s,第 2 层介质速度为 4000m/s,第 3 层介质速度为 3000m/s,第 4 层介质速度为 5000m/s,模型水平方向宽度为 50m,垂直方向四个层厚度均为 10m。对模型采用密度为 2m 的函数进行三角剖分,三角网优化后,在三角边上均匀插入四个节点。图 3.19 为采用三角网全局算法得到的不同时刻的波阵面和射线路径。

2) 含空洞模型

图 3.20 为第 2 章图 2.28(a)所示模型 1 个源点的射线追踪结果。源点位

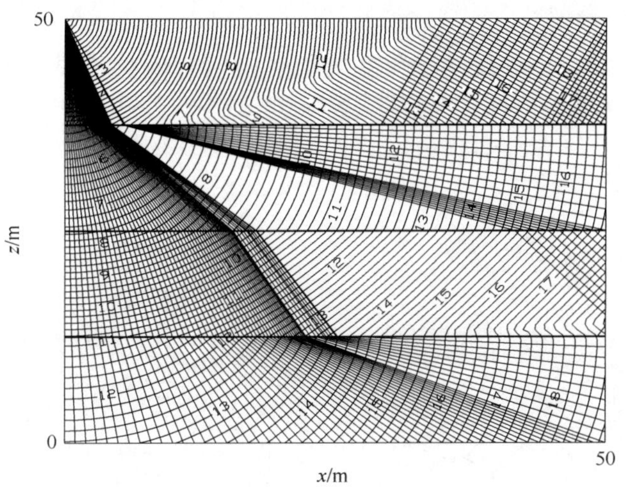

图 3.19　水平层状模型初至波射线路径及波阵面图

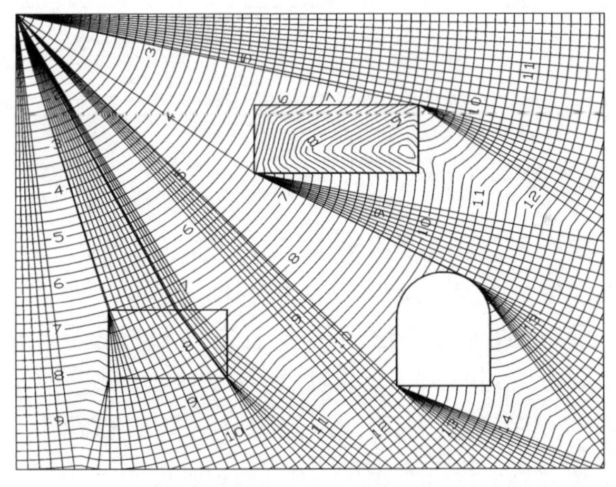

图 3.20　含空洞模型初至波射线路径及波阵面

于左上角，接收点分别位于模型上边界、右边界及下边界。背景速度为 4000m/s，设置：速度为 2000m/s 的低速矩形区，速度为 5000m/s 的高速矩形区及隧道形状的空洞，网格剖分采用不均匀密度控制函数；图 3.20 为采用三角网全局算法得到的不同时刻的波阵面和射线路径。

3）含断层模型

图 3.21 为第 2 章图 2.29(a)所示模型 1 个源点的射线追踪结果。源点位于左下角，接收点分别位于模型外边界。图 3.21 为采用三角网全局算法得到的不同时刻的波阵面和射线路径。

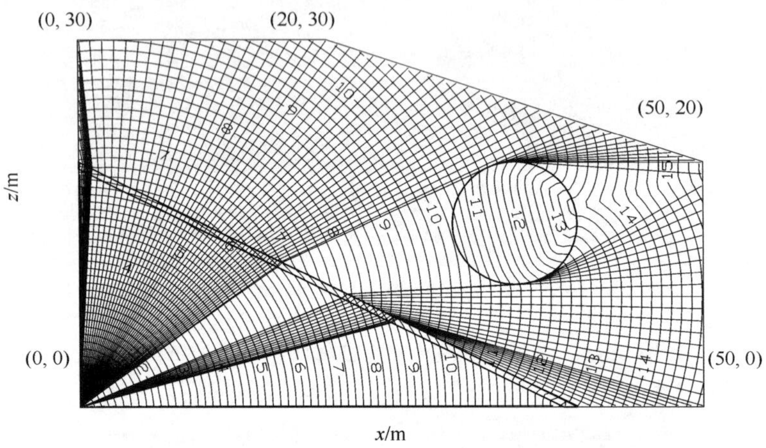

图 3.21　含断层模型初至波射线路径及波阵面

3.3.2　算法精度检验

为了检验三角网射线追踪算法的精度和可靠性，对图 3.22 所示模型的三角网射线追踪正演模拟结果与根据 Snell 定理计算的理论结果进行了对比。源位于左边界上端，接收点分别位于模型上边界和右边界，接收点 2m。第 1 层介质速度为 2000m/s，第 2 层介质速度为 4000m/s，模型水平方向宽度为 50m，垂直方向深度分别是第 1 层 10m、第 2 层 40m，源在第 1 层介质中。在对模型进行网格划分时，采用密度为 2m 的函数进行三角剖分，三角网优化后，在三角边上均匀插入四个节点。图 3.22(a)为三角网剖分结果和初至波射线路径图；图 3.22(b)为初至波波阵面图，等时线间隔 1ms。图 3.22(c)和图 3.22(d)分别为右边界和上边界走时对比结果，图中实线为用解析分析公式计算的理论初至波走时，圆点为三角网追踪算法计算的初至波走时。右边界最大走时相对误差为 0.009%；上边界最大走时相对误差仅为 0.00028%。由此可以看出，采用三角网射线追踪算法具有相当高的计算精度。

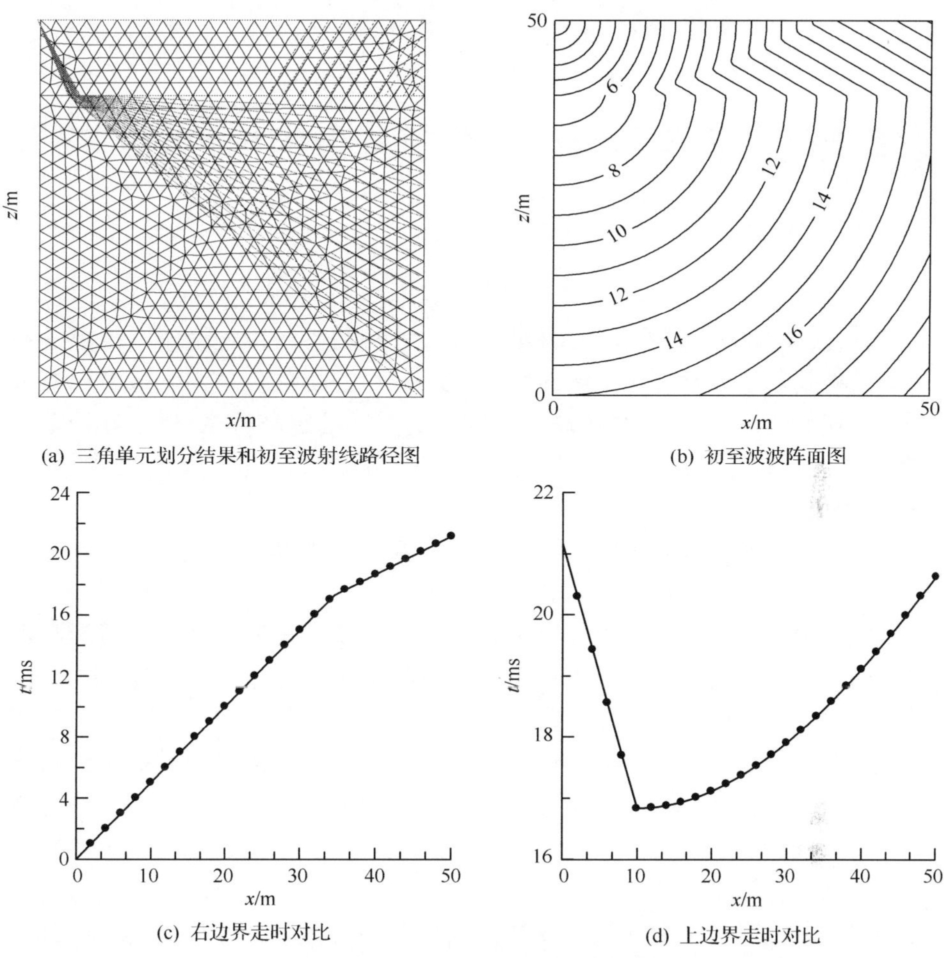

(a) 三角单元划分结果和初至波射线路径图　　(b) 初至波波阵面图

(c) 右边界走时对比　　(d) 上边界走时对比

图 3.22　二水平层介质模型计算结果

第4章　三角网透射波层析成像的理论与方法

4.1　概　　述

层析成像技术大致可分为两种类型:一种是基于射线理论的图像重建技术;另一种是基于波动方程反演的散射(或衍射)层析成像技术。散射层析成像方法,就数学模型而言,与地球物理领域的实际情况较接近,但在理论上还比较粗糙、不系统,方法也不成熟,有待进一步发展,目前在实际应用中,射线层析成像仍占主导地位。

基于射线理论的图像重建算法,主要分为变换法和级数展开法(Herman的分类法),也有学者分为分析法和代数重建法。在分析法中,主要是Radon变换方法、Fourier方法、滤波反投影方法或称褶积反投影方法。在投影数据完全(即投影射线足够多且分布均匀)、足够精确且射线路径为直线的前提下,变换法可以准确地重建对象内部图像,医学CT基本符合上述前提,故常采用变换法重建图像。但是变换法抗噪声干扰的能力差,如果投影数据不是沿直线的简单积分,那么可能就得不到解析反演公式的闭合形式,这时,变换法就无法得到正确的结果。地学层析成像一般难以满足这些要求,所以不宜采用变换法,而以代数重建法为主。

通过逐次线性化,射线层析成像方法可归结为求解一个大型的、稀疏的、常常是病态的线性方程组。目前最常见的是代数重建技术(ART)、联合迭代重建技术(SIRT)、截断SVD法、共轭梯度最小二乘算法(CGLS)、迭代最小二乘算法(LSQR)。除此之外,裴正林等对复杂介质小波多尺度井间地震层析成像方法进行了数值模拟研究,但其应用效果有待实践的检验。研究利用最大熵准则的图像重建方法及利用先验概率信息的Bayesian重建算法,由于更加符合实际数据的特点,将会受到越来越多的关注。事实上,射线层析反演也是一个非线性问题,如Monte Carlo法、模拟退火(simulated annealing,SA)法、遗传算(genetic algorithm,GA)法、同伦算法等求解非线性反问题的全局优化算法也在不断研究之中,计算效率、稳定性、依赖于初始模型等问题是这类方法需要解决的重点。

基于三角网层析成像的理论基础和方法和矩形网是一致的，二者的差别只是离散形式的不同，本章首先介绍层析成像的基本理论和典型的基于射线追踪的几种反演方法，然后针对具有复杂结构的模型进行三角网声波透射层析成像的数值模拟研究。

4.2　层析成像的数学基础

一个二维的连续图像在数学上用函数 $f(x,y)$ 表示，1971 年，奥地利数学家 Radon 证明：已知所有入射角 θ 的投影函数 $p(\xi,\theta)$，可以恢复唯一的图像函数 $f(x,y)$。这个定理就是层析成像的理论基础——Radon 变换。现有的各种层析技术，无论形式如何，其数学理论基础都是基于 Radon 变换。但实际应用中，反演成像的 Radon 逆变换并不适合进行数值计算，而 Fourier 变换、褶积滤波为图像重建提供了重要的方法。下面就简要介绍基于连续图像及直射线假定的 Radon 变换、Radon 逆变换图像重建、Fourier 变换图像重建、褶积滤波图像重建的基本原理。

4.2.1　Radon 变换

图 4.1 是一个典型的 CT 测量系统。当入射波的波长远小于介质的不均匀性时，可认为平面透射波透过介质时沿直线传播，因此在成像物体另一端的接收信号为

$$p(\xi,\theta)=\int_L f(x,y)=\int_{-\infty}^{+\infty} f_\theta(\xi,\eta)\mathrm{d}\eta \tag{4.1}$$

式中，$p(\xi,\theta)$ 称为图像的投影函数；L 为沿直射线的积分路程，垂直于 ξ 轴方向；θ 为坐标系 (x,y) 和 (ξ,η) 之间的夹角；f_θ 为 $f(x,y)$ 经坐标旋转 θ 角的取值。

由式(4.1)表示的函数 $f(x,y)$ 沿直线 L 的积分称为（经典的）Radon 变换，即是 CT 图像重建最基本的数学基础，一般写为

$$[Rf](\xi,\theta)=p(\xi,\theta)=\int_L f[x(\xi,\theta),y(\xi,\theta)]\mathrm{d}l \tag{4.2}$$

式中

$$\begin{cases}x=\xi\cos\theta-\eta\sin\theta\\ y=\xi\sin\theta+\eta\cos\theta\\ \theta=\arctan\ (y/x)\end{cases} \tag{4.3}$$

假设 $r=(x,y)$ 为图像中一个点，$\boldsymbol{s}=(\cos\theta,\sin\theta)$ 为表示射线垂直方向

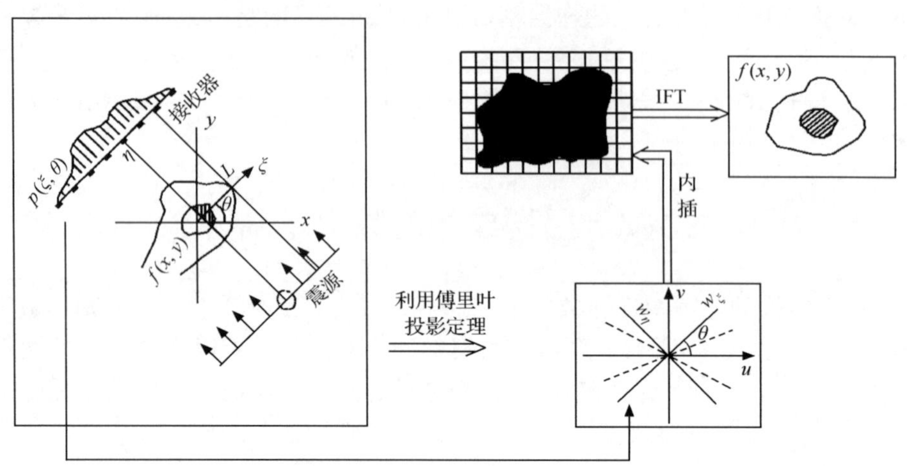

图 4.1　CT 测量及 Fourier 投影定律图像重建过程

的单位向量，则 $\boldsymbol{r}\cdot\boldsymbol{s}=\xi$ 表示坐标原点到射线 L 的垂直距离，即位于 L 上的点的 ξ 坐标。代入式(4.2)可以把 Rodon 变换用 δ 函数表示为

$$[Rf](\xi,s)=\int_{-\infty}^{+\infty}f(r)\delta(\xi-r\cdot\boldsymbol{s})\mathrm{d}r \tag{4.4}$$

式(4.4)便于把 Radon 变换推广到高维 ($r\in R^n$) 的情况。在二维情况下由于 $\boldsymbol{s}\cdot r=x\cos\theta+y\sin\theta$，式(4.4)的标量形式为

$$[Rf](\xi,\theta)=\iint_{-\infty}^{+\infty}f(x,y)\delta(\xi-x\cos\theta-y\sin\theta)\mathrm{d}x\mathrm{d}y \tag{4.5}$$

如果再假设 $\boldsymbol{t}=(-\sin\theta,\cos\theta)$ 为沿射线方向的单位向量，则有 $\eta=\boldsymbol{t}\cdot r$ 为射线方向的坐标，且 $\boldsymbol{r}=\xi\boldsymbol{s}+\eta\boldsymbol{t}$。此时式(4.5)可改为

$$[Rf](\xi,\theta)=\int_{-\infty}^{+\infty}f_\theta(\xi\boldsymbol{s}+\eta\boldsymbol{t})\mathrm{d}\eta \tag{4.6}$$

如果 $f(x,y)$ 为圆对称函数，即 $f(x,y)=f(r)$，$r=\sqrt{x^2+y^2}$；不失一般性取 $\theta=0$ 有 $\boldsymbol{s}=(1,0)$ 和 $\boldsymbol{t}=(0,1)$ 及 $\xi=x$ 和 $\eta=y$，由于 $\mathrm{d}y=r\mathrm{d}r/\sqrt{r^2-x^2}$，式(4.6)变为

$$\begin{aligned}[Rf](x)&=\int_{-\infty}^{+\infty}f(x\boldsymbol{s}+y\boldsymbol{t})\mathrm{d}y\\&=2\int_{-\infty}^{+\infty}\frac{rf(r)}{(r^2-x^2)^{1/2}}\mathrm{d}r\qquad x,y>0\end{aligned} \tag{4.7}$$

式(4.7)则化为求解 Abel 积分方程的问题。

Radon 变换的极坐标表达式对于 Radon 逆变换的推导比较方便。在极坐标中图像函数表示为 $f(r,\phi)$。如图 4.2 所示，对射线 L 上的点 (r,ϕ)，有 $\xi = l$ 和 $\eta = -z$，因此

$$r = \sqrt{l^2 + z^2}$$
$$\phi = \theta - \arctan(-z/l) = \theta + \arctan(z/l)$$

代入式(4.2)有

$$[Rf](l,\theta) = \int_{-\infty}^{+\infty} f[\sqrt{l^2 + z^2}, \theta + \arctan(z/l)]\mathrm{d}z \tag{4.8}$$

当 $l = 0$ 时射线过原点，此时有

$$[Rf](l,\theta) = \int_{-\infty}^{+\infty} f(z, \theta + \pi/2)\mathrm{d}z \tag{4.9}$$

以上式子表明，算子 R 将图像域 (r,ϕ) 中的函数 f 和投影域 (l,θ) 中的函数 $[Rf]$ 联系在一起。这种联系表现为投影域的实数对 (l,θ) 对应于图像域 (r,ϕ) 中的一条直线 L，而图像域中通过点 (r,ϕ) 的所有直线对应于投影域中 $l = r\cos(\theta - \phi)$ 的余弦曲线，即此曲线上不同的点代表图像域以不同入射角 θ 穿过此点的射线。此外，Radon 变换具有如下周期性及对称性：

$$[Rf](l,\theta) = [Rf](-l, \theta + \pi) = [Rf](l, \theta + 2\pi) \tag{4.10}$$

说明 Radon 变换不是一一对应的。

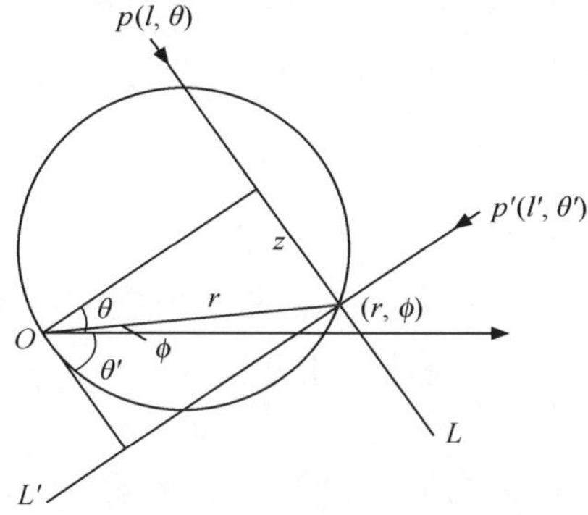

图 4.2　极坐标 Radon 变换和反投影

4.2.2　Radon 逆变换图像重建

连续图像重建算法是输入有限对 (l,θ) 的投影函数测量值 $p(l,\theta) = [Rf](l,\theta)$，求图像函数 $f(r,\phi)$ 的估算值。重建图像就是寻找 Radon 变换的逆算子 R^{-1}，它满足

$$R^{-1}[Rf] = f \tag{4.11}$$

式中，f 是连续、有界的，当 r 在图像范围以外时，$f(r,\phi)=0$。

用极坐标变量表示的投影函数 $p(l,\theta)$ 的 Radon 逆变换表示为

$$[R^{-1}p](r,\phi)=\frac{1}{2\pi^2}\int_0^{\pi}\int_{-\infty}^{+\infty}\frac{p'(l,\theta)}{r\cos(\theta-\phi)}\mathrm{d}l\mathrm{d}\theta \tag{4.12}$$

式中，$p'(l,\theta)=\partial p/\partial l$，为 $p(l,\theta)$ 关于 l 的偏导数。

Radon 逆变换在理论上给出了重建连续函数 $f(r,\phi)$ 图像的方法，它要求射线入射角 θ 从 0 到 π 连续地变化，而且依赖于投影函数 $p(l,\theta)$ 的观测完整和准确。在实际观测中，这些假定常不能满足，而且计算成本较高，利用 Fourier 变换的图像重建技术，可避免直接用 Radon 逆变换来重建图像的一些缺点。

4.2.3 Fourier 变换图像重建

作为线性变换的一种形式，Radon 变换和 Fourier 变换之间存在一定的联系，这种联系可便于利用快速 Fourier 变换算法。回到图 4.2 所示的直角坐标系，来说明图像函数 $f(x,y)$ 和投影函数 $p(\xi,\theta)$ 在波数域的关系。对 $p(\xi,\theta)$ 做关于 ξ 的 Fourier 变换并代入式(4.1)有

$$p(\omega_\xi,\theta)=\int_{-\infty}^{+\infty}p(\xi,\theta)\mathrm{e}^{-\mathrm{i}\omega_\xi\xi}\mathrm{d}\xi=\iint_{-\infty}^{+\infty}f_\theta(\xi,\eta)\mathrm{e}^{-\mathrm{i}\omega_\xi\xi}\mathrm{d}\xi\mathrm{d}\eta \tag{4.13}$$

在 (ω_ξ,ω_η) 域中图像函数 $f(\xi,\eta)$ 的二重 Fourier 变换为

$$f(\omega_\xi,\omega_\eta)=\iint_{-\infty}^{+\infty}f(\xi,\eta)\mathrm{e}^{-\mathrm{i}(\omega_\xi\xi+\omega_\eta\eta)}\mathrm{d}\xi\mathrm{d}\eta \tag{4.14}$$

注意到 $\omega_\eta=0$ 表示的是波数域以角度 θ 穿过原点的一条直线，说明投影函数 $p(\xi,\theta)$ 关于 ξ 的 Fourier 变换等于图像函数 $f(\xi,\eta)$ 的二重 Fourier 变换在以 θ 角穿过原点的直线上的取值，并可写为

$$p(\omega_\xi,\theta)=f_\theta(\omega,0) \tag{4.15}$$

式中，f_θ 的下角 θ 表示坐标之间的旋转。如果设 $f(u,v)$ 为 $f(x,y)$ 的二重 Fourier 变换，由图 4.1 所示的坐标旋转关系可知

$$u=\omega_\xi\cos\theta,v=\omega_\xi\sin\theta \tag{4.16}$$

由式(4.13)和式(4.15)，又有

$$\int_{-\infty}^{+\infty}p(\xi,\theta)\mathrm{e}^{-\mathrm{i}\omega_\xi\xi}\mathrm{d}\xi=f(u,v)\Big|_{\substack{u=\omega_\xi\cos\theta\\ v=\omega_\xi\sin\theta}} \tag{4.17}$$

式(4.17)就是投影定理，说明投影函数 $p(\xi,\theta)$ 关于 ξ 的 Fourier 变换等于图像函数的二重 Fourier 变换在过原点的直线上的切片，也说明了 Radon 变换与 Fourier 变换之间的关系。如果对所有入射角都做 Fourier 变换，便得

到沿极坐标分布的图像函数的“谱” $f(u,v)$。用 RT 表示 Radon 变换，FT 表示 Fourier 变换，IFT 表示 Fourier 逆变换，则它们的关系如图 4.3 所示。

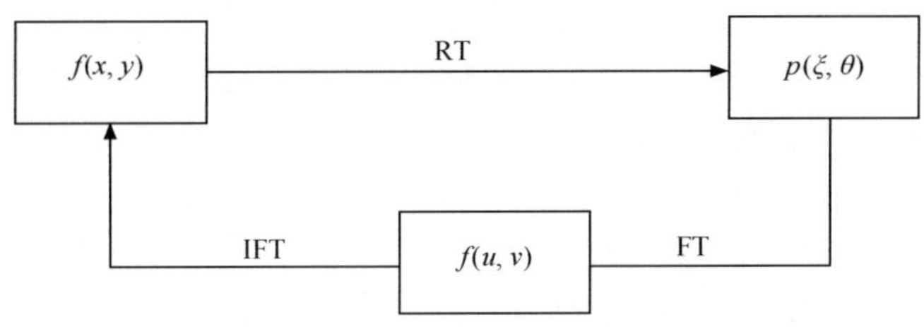

图 4.3　RT、FT 与 IFT 的关系

利用 Fourier 投影定理的连续图像重建算法的基本步骤如下。

(1) 对不同 θ 的投影函数 $p(\xi,\theta)$ 做关于 ξ 的一维 Fourier 变换，得到图 4.1 所示的沿极坐标分布的 $f_\theta(\omega_\xi,0)$。

(2) 将极坐标上的 $f_\theta(\omega_\xi,0)$ 内插到方格网，求 $f(u,v)=f(\omega_\xi\cos\theta,\omega_\xi\sin\theta)$。

(3) 对 $f(u,v)$，做二重 Fourier 逆变换求得图像函数 $f(x,y)$。

4.2.4　褶积滤波图像重建

Fourier 投影定理通过转换到波数域重建图像，而褶积滤波算法是利用投影定理直接在空间域重建图像，它比 Fourier 变换法计算成本更低。利用 Fourier 变换的褶积定理可推导褶积滤波算法。

将 Fourier 投影定理式(4.17)右边写为二重 Fourier 变换的形式：

$$p(\omega_\xi,\theta)=\iint_{-\infty}^{+\infty} f(x,y)\mathrm{e}^{-\mathrm{i}(xu+yv)}\,\mathrm{d}x\mathrm{d}y\,\Big|_{\substack{u=\omega_\xi\cos\theta\\ v=\omega_\xi\sin\theta}} \tag{4.18}$$

$$=\iint_{-\infty}^{+\infty} f(x,y)\mathrm{e}^{-\mathrm{i}\omega_\xi(x\cos\theta+y\sin\theta)}\,\mathrm{d}x\mathrm{d}y \tag{4.19}$$

由于在极坐标中 $\mathrm{d}u\mathrm{d}v=|\omega_\xi|\,\mathrm{d}\omega_\xi\mathrm{d}\theta$，令 $\varphi(\omega)=|\omega_\xi|$，则图像函数 $f(x,y)$ 是如下 Fourier 逆变换：

$$f(x,y)\ \frac{1}{4\pi^2}\int_0^\pi \mathrm{d}\theta\int_{-\infty}^{+\infty} p(\omega_\xi,\theta)\varphi(\omega_\xi)\mathrm{e}^{-\mathrm{i}\omega_\xi(x\cos\theta+y\sin\theta)}\,\mathrm{d}\omega_\xi \tag{4.20}$$

式(4.20)右边对 ω_ξ 做变换的函数为 p 和 φ 的乘积，由 Fourier 变换的褶积定理，它等于空间域 $p(\xi,\theta)$ 和 $\varphi(\xi)$ 的褶积，即

$$\frac{1}{2\pi}\int_{-\infty}^{+\infty} p(\omega_\xi,\theta)\varphi(\omega_\xi)\mathrm{e}^{\mathrm{i}\omega_\xi\xi}\,\mathrm{d}\omega_\xi=\int_{-\infty}^{+\infty} p(t,0)\varphi(\xi-t)\,\mathrm{d}t \tag{4.21}$$

式中，$\xi = x\cos\theta + y\sin\theta$，因此有

$$f(x,y) = \frac{1}{2\pi}\int_0^{\pi}\mathrm{d}\theta\int_{-\infty}^{+\infty}p(t,\theta)\varphi(x\cos\theta + y\sin\theta - t)\mathrm{d}t \tag{4.22}$$

公式(4.22)就是褶积滤波法重建图像的基本公式，其中函数 $\varphi(\xi)$ 实质上是滤波函数。由于实际上在式(4.22)中对 t 的积分不可能无穷大，只能是有限宽的窗口，$\varphi(\xi)$ 可被选来抑制有限窗宽效应，而不固定取值 $\varphi(\omega_\xi) = |\omega_\xi|$。

将入射角 θ 离散为 $\theta_j = (j-1)\pi/N, j = 0,\cdots,N$；同时把 ξ 离散为 $\xi_k, k = 0,\cdots,M$，则投影函数的取样集可表为 $p(\xi_k,\theta_j)$，得到如下离散褶积形式：

$$F(x,y) = \frac{1}{MN}\sum_{j=0}^{N}\sum_{k=0}^{M}p(\xi_k,\theta_j)\varphi(x\cos\theta_j + y\sin\theta_j - \xi_k) \tag{4.23}$$

式(4.23)被用来做高速褶积图像重建。显然，滤波器 $\varphi(\xi)$ 的选择对褶积计算的精度和稳定性影响很大。$\varphi(\xi)$ 的选择与投影数据的噪声水平和成像的窗宽有关，一般选 Shepp-Logan 滤波器及修正 Shepp-Logan 滤波器。

本节的图像重构方法都是在假定射线为直线的情况下进行的，当图像扰动较大时，必须要把 Radon 变换推广到弯曲射线的情况。另外，将图像作为连续函数 $f(x,y)$ 处理，并不适合计算机处理，现实中更重要的是离散图像重建。

4.3 射线层析成像模型及方程

根据 Radon 变换，$x(r)$可以由它的无穷多个 Radon 变换式唯一重建。然而，对地质工程而言，在观测区域进行全方位的无穷多次观测是不现实的，只能在有限的角度范围进行有限次观测，因此存在反演的不适定性问题，客观上影响了反演问题的唯一性。尽管如此，目前的一些非线性反演方法，仍可较好地重建岩体的慢度图像。

如图 4.4 所示，在两孔之间的一孔激发，另一孔单道或多道接收，形成扇形观测系统，通过改变激发点和接收排列的位置，组成密集交叉的射线网络，然后根据射线的疏密程度及成像精度划分规则的成像单元，运用射线追踪理论，采用反演计算方法形成被测区域的声波波速图像。设需要反演区域介质的速度 v 为 R 的函数，根据射线理论，则声波沿路径 R 的旅行时满足式(4.24)，即

$$\int_{R(v)} \frac{\mathrm{d}s}{v(r)} = t \tag{4.24}$$

式中，R 为发射点到接收点间的路径，为速度 v 的函数；v 为探测区域介质的速度；t 为测得的走时。将射线穿过的区域离散成图 4.5 所示的三角网格模型，则可建立如下反演控制方程：

$$\boldsymbol{Ax} = \boldsymbol{b} \tag{4.25}$$

式(4.25)即为 CT 成像方程，其中，$\boldsymbol{A}$ 是 $M \times N$ 阶矩阵，M 为观测射线条数，N 是单元个数，$\boldsymbol{A}$ 的元素 a_{ij} 是第 i 次观测中传播路径与第 j 个网格有关的微分系数，$i=1,2,\cdots,M$，$j=1,2,\cdots,N$；$\boldsymbol{x}$ 是 N 维列向量，其元素 x_j 是第 j 个网格中的慢度(速度 v_j 的倒数)；$\boldsymbol{b}$ 是 M 维列向量，其元素 t_i 是第 i 次观测得到的初至声波走时。

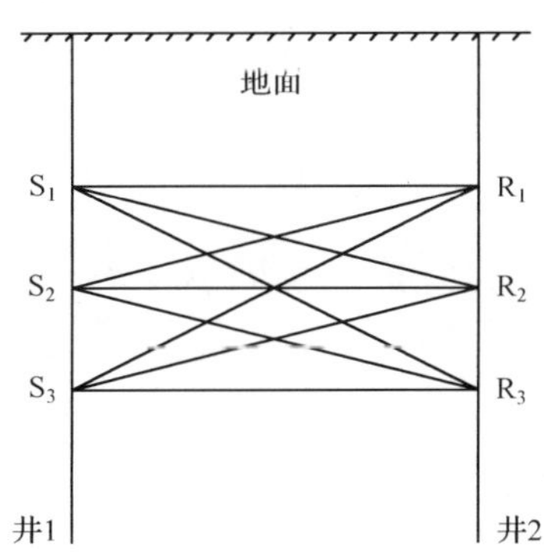

图 4.4　井间 CT 观测系统

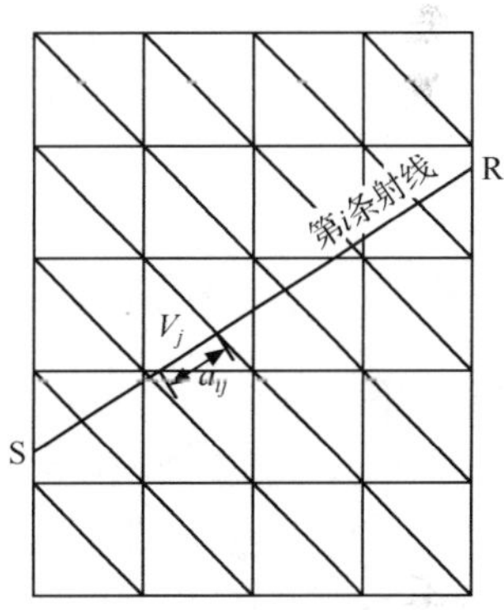

图 4.5　CT 网格化模型

式(4.24)中的初至旅行时与速度分布的关系是非线性的，层析反演需要对式(4.24)进行线性化处理。迭代一般从某一初始速度模型 v_0 开始，建立观测旅行时与理论旅行时之差 δt 满足的线性方程，解出速度的扰动量 δv，修正速度模型 $v = v_0 + \delta v$，得到新的速度模型。如此反复进行，直至计算的理论旅行时与观测的初至旅行时之差满足一定的条件。下面来说明迭代公式及微分系数的计算。

假设模型的初始速度值或某步迭代后获得的速度分布为 $v_0(x,z)$。把式(4.24)中的被积函数在 v_0 的小邻域 $|v-v_0| < \delta v$ 内按 Taylor 级数展开，取其线性项，有

$$\frac{1}{v(x,z)} \approx \frac{1}{v_0(x,z)} - \frac{\delta v(x,z)}{v_0(x,z)} \tag{4.26}$$

由式(4.24)和式(4.26)可得

$$t_i = \int_{R_i(v_0)} \frac{1}{v_0(x,z)}\mathrm{d}s - \int_{R_i(v_0)} \frac{\delta v(x,z)}{v_0^2(x,z)}\mathrm{d}s \tag{4.27}$$

式中，t_i 为第 i 条射线的观测旅行时；右边第一项为声波在速度分布为 $v_0(x,z)$ 的介质中沿射线路径 $R_i(v_0)$ 传播的旅行时，可用初至波正演模拟方法求得，称为理论旅行时或计算旅行时，记为 t_{0i}，即

$$t_{0i} = \int_{R_i(v_0)} \frac{1}{v_0(x,z)}\mathrm{d}s \tag{4.28}$$

设 k 为迭代次数，则有如下的迭代方程：

$$\delta t_i^{(k)} = t_i - t_{0i}(v^{(k)}) = \int_{R_i(v^{(k)})} -\frac{\delta v^{(k)}}{[v^{(k)}(x,z)]^2}\mathrm{d}s \tag{4.29a}$$

$$\delta t_i^{(k)} = \sum_{j=1}^{N} \frac{\partial t_i^{(k)}}{\partial v_j^{(k)}}\delta v_j^{(k)}, \quad i = 1,2,\cdots,M \tag{4.29b}$$

$$\delta t^{(k)} = \boldsymbol{A}\delta v^{(k)} \tag{4.29c}$$

$$v_j^{(k+1)} = v_j^{(k)} + \delta v_j^{(k)}, \quad j = 1,2,\cdots,N \tag{4.29d}$$

式中，$\delta v_j^{(k)}$ 为第 $k+1$ 次迭代第 j 个节点单元的速度扰动值；$\boldsymbol{A} = \left[\frac{\partial t_i^{(k)}}{\partial v_j^{(k)}}\right]_{M\times N}$ 为雅可比矩阵。

从方程式(4.29)可知，全过程的图像重建，要解决三个问题：①理论走时 $t_{0i}(v^{(k)})$ 的计算，即射线追踪；②雅可比矩阵 $\boldsymbol{A}$ 的计算；③方程求解。

关于三角单元雅可比矩阵 $\boldsymbol{A}$ 的计算，分两种情形讨论。

(1) 网格单元波速为常值情形。显而易见，当网格单元波速为常值时，此时，可认为一个网格区域由一个速度值决定，射线穿过网格的长度即为雅可比矩阵的元素，这也是目前比较流行的做法。如图 4.5 所示，第 i 条射线经过第 j 个三角单元的雅可比矩阵元素即为射线在该单元的长度 a_{ij}。

(2) 成像选三角网节点情形。此时，三角形单元速度分布用线性函数表示为

$$v(x,z) = a_0 + a_1 x + a_2 z \tag{4.30}$$

若三角形单元的三个顶点坐标和速度分别为 $x_i, z_i, v_i (i = 1,2,3)$，式(4.30)的系数为

$$a_0 = \frac{1}{\Delta}\begin{vmatrix} v_1 & x_1 & z_1 \\ v_2 & x_2 & z_2 \\ v_3 & x_3 & z_3 \end{vmatrix}, \quad a_1 = \frac{1}{\Delta}\begin{vmatrix} 1 & v_1 & x_1 \\ 1 & v_2 & x_2 \\ 1 & v_3 & x_3 \end{vmatrix}, \quad a_2 = \frac{1}{\Delta}\begin{vmatrix} 1 & v_1 & z_1 \\ 1 & v_2 & z_2 \\ 1 & v_3 & z_3 \end{vmatrix} \tag{4.31}$$

其中，$\Delta = \begin{vmatrix} 1 & x_1 & z_1 \\ 1 & x_2 & z_2 \\ 1 & x_3 & z_3 \end{vmatrix}$。

则可得到如下雅可比矩阵：

$$\frac{\partial t_i}{\partial v_l} = \sum_l \left(\frac{\partial a_0^{(n_i)}}{\partial v_l} I_0 + \frac{\partial a_1^{(n_i)}}{\partial v_l} I_1 + \frac{\partial a_2^{(n_i)}}{\partial v_l} I_2 \right) \tag{4.32a}$$

$$I_0 = -\int_{R_n} \frac{1}{v_0^2(x,z)} \mathrm{d}s \tag{4.32b}$$

$$I_1 = -\int_{R_n} \frac{x}{v_0^2(x,z)} \mathrm{d}s \tag{4.32c}$$

$$I_2 = -\int_{R_n} \frac{z}{v_0^2(x,z)} \mathrm{d}s \tag{4.32d}$$

即

$$a_{ij} = \sum_{l=1}^{n_{ij}} \left(\frac{\partial a_0^{(n_i)}}{\partial v_l} I_0 + \frac{\partial a_1^{(n_i)}}{\partial v_l} I_1 + \frac{\partial a_2^{(n_i)}}{\partial v_l} I_2 \right) \tag{4.33}$$

式中，n_i 为第 i 条射线穿过第 n 个单元的编号；n_{ij} 是第 i 条射线通过的与第 j 个节点有关的单元数。

不论成像节点在何处，最后都归结于求解以下矩阵：

$$\delta t = \boldsymbol{A} \delta v \tag{4.34}$$

且

$$\delta t = \{\delta t_i\}_{M\times 1} \tag{4.35}$$

$$\delta v = \{\delta v_j\}_{N\times 1} \tag{4.36}$$

$$\boldsymbol{A} = \{a_{ij}\}_{M\times N} \tag{4.37}$$

式中，M 为射线数；N 为网格速度节点数；δt_i 为波沿第 i 条射线传播的观测旅行时与计算旅行时之差；δv_j 为第 j 个网格节点(或单元)上的速度扰动值或修正量；a_{ij} 为微分系数矩阵(或雅可比矩阵) $\boldsymbol{A}$ 的元素，当第 i 条射线通过第 j 个节点所在的单元时，$a_{ij} \neq 0$，否则，$a_{ij} = 0$，所以 $\boldsymbol{A}$ 为稀疏矩阵。

4.4　成像问题中的病态线性代数方程组解法

众所周知，至今为止，在求解 $\boldsymbol{Ax} = \boldsymbol{b}$ 型方程组中最困难的问题是：① $\boldsymbol{A}$ 是严重病态的矩阵；② $\boldsymbol{A}$ 是高阶稀疏矩阵。在求解之前，一般事先不知道任何有关矩阵 $\boldsymbol{A}$ 的其他性质(如非奇异、对称、正定性质等)。这时，应用占典直接法求解将会导致求不到预想的解，而用常用的迭代方法（如超松弛迭代法）求解，求解过程可能是发散的。下面介绍几种目前在成像问题中较为有效的求解病态线性代数方程组的方法。

4.4.1 ART 方法

ART 方法叫做代数重构技术(algebraic reconstruction techniques)，它是 1972 年由 Housefield 在 CT 的专利说明书中提出的。事实上，ART 方法已由 Kaczmarz 在 1937 年提出，并用来求解相容的线性代数方程组。

对于线性方程组

$$\boldsymbol{A}\boldsymbol{x} = \boldsymbol{b} \tag{4.38}$$

式中，$\boldsymbol{A}$ 为已知方阵 $\boldsymbol{A} = (a_{ij})_{n\times n}$；$\boldsymbol{b}$ 为一组给定的 n 维向量 $\boldsymbol{b} = (b_1, b_2, \cdots, b_n)^{\mathrm{T}}$；未知量 $\boldsymbol{x} = (x_1, x_2, \cdots, x_n)^{\mathrm{T}}$。ART 方法是一种迭代法，只要矩阵 $\boldsymbol{A}$ 是非奇异的，在不计舍入误差影响的前提下，迭代总是收敛的。

方程式(4.38)中的第 i 个方程可以写成

$$(\boldsymbol{a}_i, \boldsymbol{x}) = b_i, \quad i = 1, 2, \cdots, n \tag{4.39}$$

式中，$\boldsymbol{a}_i$ 为 $\boldsymbol{A}$ 的第 i 行向量的转置，即 $\boldsymbol{a}_i = (a_{i1}, a_{i2}, \cdots, a_{in})^{\mathrm{T}}$；$b_i$ 为向量 $\boldsymbol{b}$ 的第 i 个分量；$(\cdot, \cdot)$表示向量内积。式(4.39)的每一个方程都代表 n 维空间中的一个超平面，而 $\boldsymbol{a}_i$ 是该超平面的法线向量。假定已知 $\boldsymbol{x}^{(k)}$，则对于一个固定的 i，有

$$\boldsymbol{x}^{(k+1)} = \boldsymbol{x}^{(k)} + \beta \boldsymbol{a}_i \tag{4.40}$$

式(4.40)表明，$\boldsymbol{x}^{(k+1)}$ 是从 $\boldsymbol{x}^{(k)}$ 出发在第 i 个超平面的法线方向上选取的，再注意到 $\boldsymbol{x}^{(k+1)}$ 应该满足

$$(\boldsymbol{a}_i, \boldsymbol{x}^{(k+1)}) = b_i \tag{4.41}$$

将式(4.40)中的 $\boldsymbol{x}^{(k+1)}$ 代入式(4.41)得

$$\beta = \frac{b_i - (\boldsymbol{a}_i, \boldsymbol{x}^{(k)})}{(\boldsymbol{a}_i, \boldsymbol{a}_i)} = \frac{b_i - (\boldsymbol{a}_i, \boldsymbol{x}^{(k)})}{\| \boldsymbol{a}_i \|^2} \tag{4.42}$$

从而有

$$\boldsymbol{x}^{(k+1)} = \boldsymbol{x}^{(k)} + \frac{b_i - (\boldsymbol{a}_i, \boldsymbol{x}^{(k)})}{\| \boldsymbol{a}_i \|^2} \boldsymbol{a}_i \tag{4.43}$$

这时，可以把 ART 方法写成如下形式：

$$\begin{cases} \boldsymbol{x}^{(0)} \text{ 初值任取} \\ \boldsymbol{x}^{(k+1)} = \boldsymbol{x}^{(k)} + \lambda_k \dfrac{b_i - (\boldsymbol{a}_i, \boldsymbol{x}^{(k)})}{\| \boldsymbol{a}_i \|^2} \boldsymbol{a}_i \\ i = (k+1)\bmod(n) \\ k = 0,1,2,\cdots \end{cases} \tag{4.44}$$

式中，$\lambda_k(0 < \lambda_k < 2)$ 为松弛因子。

为证明算法的收敛性，不失一般性，可假设

$$(\boldsymbol{a}_i, \boldsymbol{a}_i) = \| \boldsymbol{a}_i \|^2 = \sum_{l=1}^{n} a_{il}^2 = 1, \quad i = 1,2,\cdots,n \tag{4.45}$$

并把式(4.44)写成等价定常周期迭代格式：

$$x_j^{(k+\frac{i}{n})} = x_j^{(k+\frac{i-1}{n})} + \lambda_i \left(b_i - \sum_{l=1}^{n} a_{il} x_l^{(k+\frac{i-1}{n})}\right) \tag{4.46}$$

式中，$k = 0,1,2,\cdots$ 为迭代次数；对于固定的 k，下标 $i = 1,2,\cdots,n$；对于固定的 i，下标 $j = 1,2,\cdots,n$；非定常周期为 n，λ_i 为松弛因子；$x_j^{(k+\frac{i}{n})}$ 为向量 $\boldsymbol{x}^{(k+\frac{i}{n})} = (x_i^{(k+\frac{i}{n})},\cdots,x_n^{(k+\frac{i}{n})})^{\mathrm{T}}$ 的第 j 个分量；$\boldsymbol{x}^{(k+\frac{i}{n})}$ 为第 k 个迭代周期中的第 i 次迭代向量值。

若记

$$D_i = \mathrm{diag}(\lambda_i a_{i1}, \lambda_i a_{i2}, \cdots, \lambda_i a_{in})$$

$$\boldsymbol{A}_i = \begin{pmatrix} a_{i1} & a_{i2} & \cdots & a_{in} \\ a_{i1} & a_{i2} & \cdots & a_{in} \\ \vdots & \vdots & \vdots & \vdots \\ a_{i1} & a_{i2} & \cdots & a_{in} \end{pmatrix}, \quad \boldsymbol{b}_i = \begin{pmatrix} b_i \\ b_i \\ \vdots \\ b_i \end{pmatrix}_n = \boldsymbol{A}_i x^*$$

$$\boldsymbol{B}_i = \boldsymbol{I} - \boldsymbol{D}_i \boldsymbol{A}_i$$

式中，$\boldsymbol{x}^* = \boldsymbol{A}^{-1}\boldsymbol{b}$ 为方程组式(4.38)的精确解，则式(4.46)可表示成矩阵形式：

$$\boldsymbol{x}^{(k+\frac{i}{n})} = \boldsymbol{B}_i \boldsymbol{x}^{(k+\frac{i-1}{n})} + (\boldsymbol{I} - \boldsymbol{B}_i)\boldsymbol{x}^* \tag{4.47}$$

若记 $\boldsymbol{B} = \boldsymbol{B}_n \boldsymbol{B}_{n-1} \cdots \boldsymbol{B}_2 \boldsymbol{B}_1 = \prod_{i=1}^{n} \boldsymbol{B}_{n-i+1}, \boldsymbol{B}_0 = \boldsymbol{I}$，则

$$\boldsymbol{C} = \sum_{i=1}^{n} \prod_{j=i+1}^{n} (\boldsymbol{I} - \boldsymbol{B}_{n-i+1}) \boldsymbol{B}_{n-j+1} \boldsymbol{x}^* = (\boldsymbol{I} - \boldsymbol{B})\boldsymbol{x}^* \tag{4.48}$$

而非定常周期迭代格式式(4.46)可合成为一种定常迭代格式：

$$\boldsymbol{x}^{(k+1)} = \boldsymbol{B}\boldsymbol{x}^{(k)} + \boldsymbol{C}, \quad k = 0,1,\cdots \tag{4.49}$$

引理 1　设 $\boldsymbol{a}_1, \boldsymbol{a}_2, \cdots, \boldsymbol{a}_n$ 为 $\boldsymbol{R}^n$ 中的任一组线性无关单位向量，常数 λ_i 满

足 $0<\lambda_i<2$，则 $\boldsymbol{B}_i$ 是对称矩阵，且 $\|\boldsymbol{B}_i\|<1$。

证明：因为 $\boldsymbol{B}_i=\boldsymbol{I}-\lambda_i\boldsymbol{a}_i\boldsymbol{a}_i^{\mathrm{T}}=\boldsymbol{I}-\boldsymbol{D}_i\boldsymbol{A}_i$，并注意 $\boldsymbol{D}_i=\boldsymbol{D}_i^{\mathrm{T}}$，$\boldsymbol{A}_i=\boldsymbol{A}_i^{\mathrm{T}}$，所以 $\boldsymbol{B}_i^{\mathrm{T}}=(\boldsymbol{I}-\boldsymbol{D}_i\boldsymbol{A}_i)^{\mathrm{T}}=\boldsymbol{I}-\boldsymbol{D}_i\boldsymbol{A}_i=\boldsymbol{B}_i$。下面证明 $\|\boldsymbol{B}_i\|<1(i=1,2,\cdots,n)$。

(1) 先证明 $\|\boldsymbol{B}_i\|\leqslant 1(i=1,2,\cdots,n)$。事实上，将 R^n 中的任一向量 $\boldsymbol{V}$ 做直交分解：

$$\boldsymbol{V}=\boldsymbol{V}_1+\boldsymbol{V}_2=(\boldsymbol{V},\boldsymbol{a}_i)\boldsymbol{a}_i+[\boldsymbol{V}-(\boldsymbol{V},\boldsymbol{a}_i)\boldsymbol{a}_i] \tag{4.50}$$

式中，$\boldsymbol{V}_1=(\boldsymbol{V},\boldsymbol{a}_i)\boldsymbol{a}_i$，$\boldsymbol{V}_2=\boldsymbol{V}-(\boldsymbol{V},\boldsymbol{a}_i)\boldsymbol{a}_i$。容易验证 $\boldsymbol{V}_1 /\!/ \boldsymbol{a}_i$，$\boldsymbol{V}_2\perp\boldsymbol{a}_i$，且有

$$\boldsymbol{B}_i\boldsymbol{V}=(\boldsymbol{I}-\lambda_i\boldsymbol{a}_i\boldsymbol{a}_i^{\mathrm{T}})\boldsymbol{V}=(1-\lambda_i)\boldsymbol{V}_1+\boldsymbol{V}_2 \tag{4.51}$$

从而

$$\|\boldsymbol{B}_i\boldsymbol{V}\|^2=(1-\lambda_i)^2\|\boldsymbol{V}_1\|^2+\|\boldsymbol{V}_2\|^2=\|\boldsymbol{V}\|^2+\lambda_i(\lambda_i-2)\|\boldsymbol{V}_1\|^2 \tag{4.52}$$

因此，当 $0<\lambda_i<2$ 时，$\|\boldsymbol{B}_i\boldsymbol{V}\|\leqslant\|\boldsymbol{V}\|$，由 $\boldsymbol{V}$ 的任意性，得 $\|\boldsymbol{B}_i\|\leqslant 1(i=1,2,\cdots,n)$。

(2) 现证明，若有向量 $\boldsymbol{V}\in R^n$ 使 $\|\boldsymbol{B}_{i_0}\boldsymbol{V}\|=\|\boldsymbol{V}\|$，则 $\boldsymbol{V}\perp\boldsymbol{a}_{i_0}(1\leqslant i_0\leqslant n)$。事实上，

$$\begin{aligned}\|\boldsymbol{B}_{i_0}\boldsymbol{V}\|^2&=\|(\boldsymbol{I}-\lambda_{i_0}\boldsymbol{a}_{i_0}\boldsymbol{a}_{i_0}^{\mathrm{T}})\boldsymbol{V}\|^2\\&=\|\boldsymbol{V}\|^2+\lambda_{i_0}(\lambda_{i_0}-2)(\boldsymbol{a}_{i_0},\boldsymbol{V})^2\end{aligned} \tag{4.53}$$

由于 $\|\boldsymbol{B}_{i_0}\boldsymbol{V}\|^2=\|\boldsymbol{V}\|^2$，代入式(4.53)得

$$\lambda_{i_0}(\lambda_{i_0}-2)(\boldsymbol{a}_{i_0},\boldsymbol{V})^2=0 \tag{4.54}$$

又因 $0<\lambda_i<2$，故 $(\boldsymbol{a}_{i_0},\boldsymbol{V})=0(1\leqslant i_0\leqslant n)$。

(3) 证明 $\|\boldsymbol{B}\|\neq 1$。事实上，若不然 $\|\boldsymbol{B}\|=1$，则有单位向量 $\boldsymbol{\omega}\in R^n$ 使得 $\|\boldsymbol{B}\boldsymbol{\omega}\|=\|\boldsymbol{\omega}\|=1$，由 $1=\|\boldsymbol{B}\boldsymbol{\omega}\|=\|\boldsymbol{B}_n\boldsymbol{B}_{n-1}\cdots\boldsymbol{B}_2\boldsymbol{B}_1\boldsymbol{\omega}\|\leqslant\|\boldsymbol{B}_1\|\|\boldsymbol{\omega}\|=1$，得 $\|\boldsymbol{B}_1\boldsymbol{\omega}\|=1=\|\boldsymbol{\omega}\|$，由(2)的证明，有

$$\boldsymbol{\omega}\perp\boldsymbol{a}_1,\boldsymbol{B}_1\boldsymbol{\omega}=\boldsymbol{\omega} \tag{4.55}$$

又由 $1=\|\boldsymbol{B}_n\boldsymbol{B}_{n-1}\cdots\boldsymbol{B}_2\boldsymbol{B}_1\boldsymbol{\omega}\|=\|\boldsymbol{B}_n\cdots\boldsymbol{B}_2\boldsymbol{\omega}\|\leqslant\|\boldsymbol{B}_2\boldsymbol{\omega}\|\leqslant\|\boldsymbol{\omega}\|=1$，得 $\|\boldsymbol{B}_2\boldsymbol{\omega}\|=1=\|\boldsymbol{\omega}\|$，所以，依次类推，最后得 $\|\boldsymbol{B}_n\boldsymbol{\omega}\|=1=\|\boldsymbol{\omega}\|$，所以

$$\boldsymbol{\omega}\perp\boldsymbol{a}_n,\boldsymbol{B}_n\boldsymbol{\omega}=\boldsymbol{\omega} \tag{4.56}$$

即已证明：$\boldsymbol{\omega}\perp\boldsymbol{a}_1,\boldsymbol{\omega}\perp\boldsymbol{a}_2,\cdots,\boldsymbol{\omega}\perp\boldsymbol{a}_n$。因为 $\boldsymbol{a}_1,\boldsymbol{a}_2,\cdots,\boldsymbol{a}_n$ 线性无关，所以 $\boldsymbol{\omega}=0$，这与 $\|\boldsymbol{\omega}\|=1$ 矛盾，结论(3)获证。

综合(1)，(2)，(3)的证明，引理 1 得证。

定理 1 迭代格式(4.49)对于 $0<\lambda_i<2$ 是收敛的，且对任意给定的初值

$\boldsymbol{x}^{(k)}$，序列 $\{\boldsymbol{x}^{(k)}\}$ 收敛于问题式(4.38)的精确解 $\boldsymbol{x}^{*}=\boldsymbol{A}^{-1}\boldsymbol{b}$。

证明：由引理 1 知，当 $0<\lambda_i<2$ 时，迭代矩阵 $\boldsymbol{B}$ 满足 $\|\boldsymbol{B}\|<1$，因此迭代格式式(4.49)收敛，设 $\{\boldsymbol{x}^{(k)}\}$ 收敛于 $\hat{x}^{*}$，在式(4.49)两端令 $k\rightarrow\infty$ 有

$$\hat{\boldsymbol{x}}^{*}=\boldsymbol{B}\hat{x}^{*}+(\boldsymbol{I}-\boldsymbol{B})\boldsymbol{x}^{*}$$

从而 $(\boldsymbol{I}-\boldsymbol{B})(\hat{\boldsymbol{x}}^{*}-\boldsymbol{x}^{*})=0$

由于 $\|\boldsymbol{B}\|<1$，所以 $(\boldsymbol{I}-\boldsymbol{B})$ 非奇异，从而 $\hat{\boldsymbol{x}}^{*}-\boldsymbol{x}^{*}=0$，即 $\hat{\boldsymbol{x}}^{*}=\boldsymbol{x}^{*}$，故序列 $\{\boldsymbol{x}^{(k)}\}$ 收敛于问题式(4.38)的精确解 $\boldsymbol{x}^{*}=\boldsymbol{A}^{-1}\boldsymbol{b}$。证毕。

关于 ART 方法的几点说明：

(1) ART 迭代过程是从第一个方程开始到最后一个方程结束，依次修改向量 $\boldsymbol{x}$，称为一个迭代轮回。

(2) 迭代格式式(4.44)具有明显的几何意义。如果把式(4.38)的每个方程看做 n 维空间的超平面，迭代格式式(4.44)实质上就是由初值 $\boldsymbol{x}^{(0)}$（空间中的一点）依次向式(4.44)中的超平面投影（此时 $\lambda_k=1$）。对于 $n=2$，$\lambda_k=1$ 的情况，超平面为两条直线，如图 4.6 所示。从几何上不难看出如下几点。

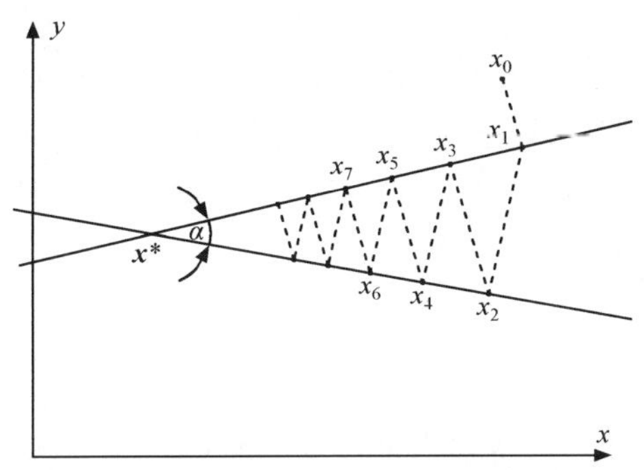

图 4.6　$n=2$ 时 ART 方法的几何解释

① 只要超平面有唯一的交点（即有解），这种方法一定是收敛的，且序列 $\{\boldsymbol{x}^{(k)}\}$ 收敛于两直线的交点 x^{*}，即只要 $\boldsymbol{A}$ 非奇异，不管 $x^{(0)}$ 如何选取，迭代格式式(4.44)总是收敛的。

② 方程的排列次序将影响迭代过程，超平面之间的夹角越大，收敛速度越快。当 $\alpha\leqslant\frac{\pi}{2}$ 时，收敛过程可能很慢。

③ 当方程式(4.38)是欠定或超定方程组时，只要相容，迭代式(4.44)仍然收敛，这从其几何意义容易得知。但其收敛的解依赖初值 $\boldsymbol{x}^{(0)}\in R(\boldsymbol{A}^{\mathrm{T}})$，其中 $R(\boldsymbol{A}^{\mathrm{T}})$ 为 $\boldsymbol{A}^{\mathrm{T}}$ 的值域，则收敛的解为式(4.38)的最小二乘最小范数解

(the minimum norm least squares solution),此结论的证明详见文献[7]。

4.4.2 SIRT 方法

SIRT(simultanous iterative reconstruction technques)方法称为联合迭代重构技术,它是由 Gilbert(1972)首先提出的。ART 方法是逐行校正的,即每次校正只用到式(4.38)中的一个方程,而 SIRT 方法是对所有方程同时进行校正,它的迭代格式如下:

$$\begin{cases} \boldsymbol{x}^{(0)}, & \text{初值任取} \\ x_j^{(k+1)} = x_j^{(k)} + \dfrac{\lambda_k}{M_j} \displaystyle\sum_{i=1}^{n} \dfrac{[b_i - (\boldsymbol{a}_i, \boldsymbol{x}^{(k)})]}{\| \boldsymbol{a}_i \|^2} a_{ij} \\ j = 1,2,\cdots,n; k = 0,1,2,\cdots \end{cases} \tag{4.57}$$

式中,M_j 为 $\boldsymbol{A}$ 中第 j 列非零元素的个数;其余符号同前。

SIRT 方法的几何解释如图 4.7 所示,该方法有着它的特点。首先,从数学上讲,SIRT 方法使方程的残差量呈递减趋势,即欧几里得距离单调减小;其次,从效果看,SIRT 方法利用平均修正量可以消除某些干扰和随机测量误差;再次,在计算上该方法比较稳定,虽然计算速度较慢,但在当前的计算机配置下,以通过对方法加以改进,计算速度已经不是一个问题;最后,在数据不全的有限观测角情况下,SIRT 方法图像重建的质量好,表现出其明显优点。

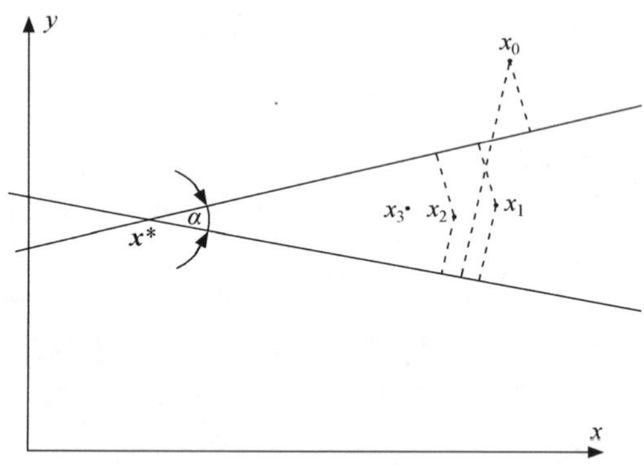

图 4.7 $n=2$ 时 SIRT 方法的几何解释

4.4.3 截断 SVD 方法

线性方程组病态的根源是由于系数矩阵具有近似于“零”的特征值,将这些导致病态的特征(奇异)值的影响截掉,从而得到稳定的近似解,这就是奇异值分解(singular value decomposition,SVD)法的基本思想。

对于线性代数方程组式(4.38) $\boldsymbol{A}x = \boldsymbol{b}$，假定 $\boldsymbol{A}$ 为 $n \times n$ 矩阵(对于 $m \times n$ 矩阵，即 $m \neq n$ 情形下面的结论仍适用)，则任意矩阵 $\boldsymbol{A}$ 可以做如下形式的奇异值分解：

$$\boldsymbol{A} = \boldsymbol{UDV}^{\mathrm{T}} \tag{4.58}$$

式中，$\boldsymbol{D} = \mathrm{diag}(\sigma_1, \sigma_2, \cdots, \sigma_n)$，$\sigma_1 \geqslant \sigma_2 \geqslant \sigma_n \geqslant 0$ 为 $\boldsymbol{A}$ 的奇异值；$\boldsymbol{U} = (u_1, u_2, \cdots, u_n)$ 和 $\boldsymbol{V} = (\boldsymbol{v}_1, \boldsymbol{v}_2, \cdots, \boldsymbol{v}_n)$ 为正交阵。

若式(4.38)中矩阵 $\boldsymbol{A}$ 非奇异，将式(4.58)代入式(4.38)可得

$$\boldsymbol{x} = \boldsymbol{VD}^{-1}\boldsymbol{U}^{\mathrm{T}}\boldsymbol{b} \tag{4.59}$$

从式(4.59)可知，为计算式(4.38)的解 $\boldsymbol{x}$，只需计算 $\boldsymbol{U}, \boldsymbol{D}, \boldsymbol{V}$，而且除了计算 D^{-1}，不需要计算其他逆矩阵，而对角阵 $\boldsymbol{D}$ 的逆矩阵 $\boldsymbol{D}^{-1} = \mathrm{diag}(1/\sigma_1, 1/\sigma_2, \cdots, 1/\sigma_n)$，这时式(4.38)的解 $\boldsymbol{x}$ 由式(4.59)给出。

若式(4.38)为病态方程组，则矩阵 $\boldsymbol{D}$ 中的有些元素 σ_i 接近于“零”。此时做如下处理，注意到 $\boldsymbol{U}_1, \boldsymbol{U}_2, \cdots, \boldsymbol{U}_n$ 线性无关，可将式(4.38)中的右端项 $\boldsymbol{b}$ 表示为

$$\boldsymbol{b} = \sum_{i=1}^{n} \beta_i \boldsymbol{U}_i \tag{4.60}$$

将式(4.58)和式(4.60)分别代入式(4.38)，并注意到矩阵 $\boldsymbol{U}$、$\boldsymbol{V}$ 的正交性，可得到方程式(4.38)的解：

$$\boldsymbol{x} = \sum_{i=1}^{n} \frac{\beta_i}{\sigma_i} \boldsymbol{V}_i \tag{4.61}$$

为了计算稳定，可以将表示解的级数式(4.61)中对应较小的奇异值去掉，即选择一个正数 $k(k < n)$，取 $\boldsymbol{x} = \sum_{i=1}^{k} \frac{\beta_i}{\sigma_i} \boldsymbol{V}_i$ 作为问题式(4.38)的近似解。下面分析在数据具有误差时，这种截断所引起的误差。设 $\boldsymbol{b} = \sum_{i=1}^{k} \bar{\beta}_i \boldsymbol{U}_i$ 为近似右端项，且 $\| \boldsymbol{b} - \bar{\boldsymbol{b}} \| = \varepsilon$，用截断法得到的近似解为

$$\bar{\boldsymbol{x}}_k = \sum_{i=1}^{k} \left(\frac{\bar{\beta}_i}{\sigma_i} \right) \boldsymbol{V}_i \tag{4.62}$$

$\bar{\boldsymbol{x}}_k$ 与精确解 $\boldsymbol{x}$ 的误差为

$$\begin{aligned} \boldsymbol{x} - \bar{\boldsymbol{x}}_k &= \sum_{i=1}^{n} \frac{\beta_i}{\sigma_i} \boldsymbol{V}_i - \sum_{i=1}^{k} \frac{\bar{\beta}_i}{\sigma_i} \boldsymbol{V}_i \\ &= \sum_{i=1}^{k} \frac{\beta_i - \bar{\beta}_i}{\sigma_i} \boldsymbol{V}_i + \sum_{i=k+1}^{n} \frac{\beta_i}{\sigma_i} \boldsymbol{V}_i \end{aligned} \tag{4.63}$$

由式(4.51)可得到估计式：

$$\| \boldsymbol{x} - \bar{\boldsymbol{x}}_k \|^2 \leqslant \varepsilon^2 \sum_{i=1}^{k} \frac{1}{\sigma_i^2} + \sum_{i=k+1}^{n} \left(\frac{\beta_i}{\sigma_i} \right)^2 \tag{4.64}$$

或写成

$$E(k) = R(k) + T(k) \tag{4.65}$$

式中，$E(k) = \| \boldsymbol{x} - \bar{\boldsymbol{x}}_k \|^2$；$R(k) = \varepsilon^2 \sum\limits_{i=1}^{k} \frac{1}{\sigma_i^2}$；$T(k) = \sum\limits_{i=k+1}^{n} \left(\frac{\beta_i}{\sigma_i} \right)^2$。

不难看出 $R(k)$ 为 k 的增函数，$T(k)$ 为 k 的减函数，显然误差下限是当 k 取为 $k_0 = \min\{k \mid \beta_i \mid < \varepsilon, i > k\}$ 时达到，故只要 k 选择适当，截断法也可以得到既稳定又具有一定精度的解。但要注意 k 的选择不仅依赖于矩阵 $\boldsymbol{A}$ 而且也依赖于右端项 $\boldsymbol{b}$，实际应用时要具体分析。

应用奇异值分解法也可求解阻尼最小二乘问题，此时方程式(4.38)可转化为求解方程：

$$\boldsymbol{A}^{\mathrm{T}}\boldsymbol{A}\boldsymbol{x} = \boldsymbol{A}^{\mathrm{T}}\boldsymbol{b} \tag{4.66}$$

实际求解式(4.66)时经常出现病态问题，即矩阵 $\boldsymbol{A}^{\mathrm{T}}\boldsymbol{A}$ 可能为奇异阵或求解过程不稳定，于是通常把式(4.66)的求解进行正则化处理，即改为求解下面阻尼最小二乘问题：

$$(\boldsymbol{A}^{\mathrm{T}}\boldsymbol{A} + \lambda\boldsymbol{I})\boldsymbol{x} = \boldsymbol{A}^{\mathrm{T}}\boldsymbol{b} \tag{4.67}$$

式中，λ 为阻尼因子 $(\lambda \geqslant 0)$。奇异值分解法的思想可应用于求解式(4.67)，假设式(4.38)中的矩阵 $\boldsymbol{A}$ 已分解成式(4.58)的形式，则

$$\boldsymbol{A}^{\mathrm{T}}\boldsymbol{A} + \lambda\boldsymbol{I} = \boldsymbol{U}\boldsymbol{D}^2\boldsymbol{V}^{\mathrm{T}} + \lambda\boldsymbol{I} = \boldsymbol{V}\boldsymbol{\Sigma}\boldsymbol{V}^{\mathrm{T}} \tag{4.68}$$

式中，$\boldsymbol{\Sigma}$ 为对角阵，即 $\boldsymbol{\Sigma} = \mathrm{diag}(\sigma_1^2 + \lambda, \sigma_2^2 + \lambda, \cdots, \sigma_n^2 + \lambda)$，于是式(4.67)的解为

$$\boldsymbol{x} = (\boldsymbol{V}\boldsymbol{\Sigma}\boldsymbol{V}^{\mathrm{T}})^{-1}\boldsymbol{A}^{\mathrm{T}}\boldsymbol{b} = \boldsymbol{V}\boldsymbol{\Sigma}_1\boldsymbol{U}^{\mathrm{T}}\boldsymbol{b} \tag{4.69}$$

式中，$\boldsymbol{\Sigma}_1$ 为对角阵，即

$$\boldsymbol{\Sigma}_1 = \mathrm{diag}\left(\frac{\sigma_1}{\sigma_1^2 + \lambda}, \frac{\sigma_2}{\sigma_2^2 + \lambda}, \cdots, \frac{\sigma_n}{\sigma_n^2 + \lambda} \right)$$

故式(4.69)为应用奇异值分解法求解阻尼最小二乘问题式(4.67)的解。

4.4.4 共轭梯度法

ART 和 SIRT 方法存在的主要问题是，无法克服图像重建的非唯一性，获得的结果往往是局部最优点，且初始模型及松弛参数较难选择，结果常常存在不同程度的伪像，这就制约了这些算法的应用。

共轭梯度(conjugate gradient，CG)法的思路建立在单目标优化理论基础

之上，认为离散问题具有局部唯一的“最优解”。这种图像重建方法考虑的目标函数使图像的再投影尽可能接近于实际投影数据，即 $\boldsymbol{Ax}$ 与 $\boldsymbol{b}$ 的方差最小，于是根据人们直观的想象，利用二次型函数的约束优化来寻找最优的图像重建。Kashyap 及 Mittal 最早提出以二次优化为基础的图像重建法，他们使用平滑矩阵构成二次型标准函数来反映图像场的非均匀性。

对于 $\boldsymbol{Ax}=\boldsymbol{b}$，当方程组中 $\boldsymbol{A}$ 为对称正定矩阵时，定义二次函数

$$\varphi(\boldsymbol{x})=\frac{1}{2}(\boldsymbol{Ax},\boldsymbol{x})-(\boldsymbol{b},\boldsymbol{x})=\frac{1}{2}\boldsymbol{x}^{\mathrm{T}}\boldsymbol{Ax}-\boldsymbol{b}^{\mathrm{T}}\boldsymbol{x} \tag{4.70}$$

对于一切 $\boldsymbol{x}\in R^n$，有

$$\nabla\varphi(\boldsymbol{x})=\mathrm{grad}\varphi(\boldsymbol{x})=\boldsymbol{Ax}-\boldsymbol{b}=-r \tag{4.71}$$

求解方程组 $\boldsymbol{Ax}=\boldsymbol{b}$ 的问题等价于求 $\min\limits_{x\in R^n}\varphi(\boldsymbol{x})$。首先构造向量序列 $\{\boldsymbol{x}^{(k)}\}$，使 $\varphi(\boldsymbol{x})\to\min\varphi(\boldsymbol{x})$。具体如下。

(1) 给定初始 $\boldsymbol{x}^{(0)}$。

(2) 构造迭代格式

$$\boldsymbol{x}^{(k-1)}=\boldsymbol{x}^{k}+\lambda_k\boldsymbol{p}^{(k)} \tag{4.72}$$

式中，$p^{(k)}$ 为搜索方向；λ_k 为搜索步长。

(3) 选择 $\boldsymbol{x}^{(k)}$ 和 λ_k，使得 $\varphi(\boldsymbol{x}^{(k+1)})=\varphi(\boldsymbol{x}^{(k)}+\lambda_k\boldsymbol{p}^{(k)})<\varphi(\boldsymbol{x}^{(k)})$，当 $k\to\infty$ 时，有 $\varphi(\boldsymbol{x})\to\min\limits_{x\in R^n}\varphi(\boldsymbol{x})$。

(4) 给出迭代误差 ε，直至 $\|\boldsymbol{x}^{(k+1)}-\boldsymbol{x}^{(k)}\|<\varepsilon$ 或 $\|\boldsymbol{b}-\boldsymbol{Ax}^{(k)}\|<\varepsilon$。迭代公式(4.72)的关键是搜索方向 $\boldsymbol{p}^{(k)}$ 和搜索步长 λ_k 的确定。

1) 搜索方向 $\boldsymbol{p}^{(k)}$ 选择

共轭梯度法是在点 $\boldsymbol{x}^{(k)}$ 处选取搜索方向 $\boldsymbol{p}^{(k)}$，使其与前一次的搜方向 $\boldsymbol{p}^{(k)}$ 关于 $\boldsymbol{A}$ 共轭，即

$$(\boldsymbol{p}^{(k+1)},\boldsymbol{Ap}^{(k)})=0 \tag{4.73}$$

由于 $\boldsymbol{p}^{(k)}$ 的选取不唯一，CG 法中取 $\boldsymbol{p}^{(k)}$ 为 $\boldsymbol{r}^{(k)}$ 与 $\boldsymbol{p}^{(k)}$ 的线性组合，即

$$\boldsymbol{p}^{(k)}=\nabla\varphi(\boldsymbol{x}^{k})+\beta_{k-1}\boldsymbol{p}^{(k-1)}=\boldsymbol{r}^{(k)}+\beta_{k-1}\boldsymbol{p}^{(k-1)} \tag{4.74}$$

由式(4.73)的性质，有

$$\begin{aligned}(\boldsymbol{p}^{(k)},\boldsymbol{Ap}^{(k-1)})&=(\boldsymbol{r}^{(k)}+\beta_{k-1}\boldsymbol{p}^{(k-1)},\boldsymbol{Ap}^{(k-1)})\\&=(\boldsymbol{r}^{(k)},\boldsymbol{Ap}^{(k-1)})+\beta_{k-1}(\boldsymbol{p}^{(k-1)},\boldsymbol{Ap}^{(k-1)})=0\end{aligned}$$

从而可得

$$\beta_{k-1}=-\frac{(\boldsymbol{r}^{(k)},\boldsymbol{Ap}^{(k-1)})}{(\boldsymbol{p}^{(k-1)},\boldsymbol{Ap}^{(k-1)})} \tag{4.75}$$

2) 确定搜索步长 λ_k

确定搜索步长 λ_k，使得由 k 步到 $k+1$ 步是最优的，即

$$\varphi(\boldsymbol{x}^{(k+1)}) = \varphi(\boldsymbol{x}^{(k)} + \lambda_k \boldsymbol{p}) = \min(\boldsymbol{x}^{(k)} + \lambda \boldsymbol{p}^{(k)})$$

这就是沿 $\boldsymbol{p}^{(k)}$ 方向的一维极小搜索，$\varphi(\boldsymbol{x}^{(k+1)})$ 是局部极小，构造一个 λ 的函数 $F(\lambda)$，使得

$$\begin{aligned}
F(\lambda) &= \varphi(\boldsymbol{x}^{(k+1)}) = \varphi(\boldsymbol{x}^{(k)} + \lambda \boldsymbol{p}^{(k)}) \\
&= \frac{1}{2}(\boldsymbol{A}(\boldsymbol{x}^{(k)} + \lambda \boldsymbol{p}^{(k)}), \boldsymbol{x}^{(k)} + \lambda \boldsymbol{p}^{(k)}) - (\boldsymbol{b}, \boldsymbol{x}^{(k)} + \lambda \boldsymbol{p}^{(k)}) \\
&= \frac{1}{2}(\boldsymbol{A}\boldsymbol{x}^{(k)}, \boldsymbol{x}^{(k)}) - (\boldsymbol{b}, \boldsymbol{x}^{(k)}) + \lambda(\boldsymbol{A}\boldsymbol{x}^{(k)}, \boldsymbol{p}^{(k)}) - \lambda(\boldsymbol{b}, \boldsymbol{x}^{(k)}) + \frac{\lambda^2}{2}(\boldsymbol{A}\boldsymbol{p}^{(k)}, \boldsymbol{p}^{(k)}) \\
&= \varphi(\boldsymbol{x}^{(k)}) + \lambda(A\boldsymbol{x}^{(k)} - \boldsymbol{b}, \boldsymbol{p}^{(k)}) + \frac{\lambda^2}{2}(\boldsymbol{A}\boldsymbol{p}^{(k)}, \boldsymbol{p}^{(k)}) \\
&= \varphi(\boldsymbol{x}^{(k)}) - \lambda(\boldsymbol{r}^{(k)}, \boldsymbol{p}^{(k)}) + \frac{\lambda^2}{2}(\boldsymbol{A}\boldsymbol{p}^{(k)}, \boldsymbol{p}^{(k)})
\end{aligned}$$

令函数 $F(\lambda)$ 的一阶导数 $F'(\lambda) = -(\boldsymbol{r}^{(k)}, \boldsymbol{p}^{(k)}) + \lambda(\boldsymbol{A}\boldsymbol{p}^{(k)}, \boldsymbol{p}^{(k)}) = 0$，可得

$$\lambda = \lambda_k = \frac{(\boldsymbol{r}^{(k)}, \boldsymbol{p}^{(k)})}{(\boldsymbol{A}\boldsymbol{p}^{(k)}, \boldsymbol{p}^{(k)})} \tag{4.76}$$

式中，λ_k 是 $\varphi(\boldsymbol{x}^{(k)} + \lambda \boldsymbol{p}^{(k)})$ 下降的极小值点，即 λ_k 是 k 至 $k+1$ 步的最优步长。

共梯度(CG)法的计算过程归纳的如下。

第一步：给定初始模型 $\boldsymbol{x}^{(0)}$ 和允许误差 ε，计算

$$\begin{cases}
\boldsymbol{p}^{(0)} = \boldsymbol{r}^{(0)} = -\nabla\varphi(\boldsymbol{x}^{(0)} = \boldsymbol{b} - \boldsymbol{A}\boldsymbol{x}^{(0)}) \\
\lambda_0 = \dfrac{(\boldsymbol{r}^{(0)}, \boldsymbol{p}^{(0)})}{(\boldsymbol{A}\boldsymbol{p}^{(0)}, \boldsymbol{p}^{(0)})} \\
\boldsymbol{x}^{(1)} = \boldsymbol{x}^{(0)} + \lambda_0 \boldsymbol{p}^{(0)}
\end{cases} \tag{4.77}$$

第 $k+1$ 步($k=1,2,\cdots$)，计算

$$\begin{cases}
\boldsymbol{r}^{(k)} = -\nabla\varphi(\boldsymbol{x}^{(k)}) = \boldsymbol{b} - \boldsymbol{A}\boldsymbol{x}^{(k)} \\
\beta_{k-1} = -\dfrac{(\boldsymbol{r}^{(k)}, \boldsymbol{A}\boldsymbol{p}^{(k-1)})}{(\boldsymbol{p}^{(k-1)}, \boldsymbol{A}\boldsymbol{p}^{(k-1)})} \\
\boldsymbol{p}^{(k)} = \boldsymbol{r}^{(k)} + \beta_{k-1} \boldsymbol{p}^{(k-1)} \\
\lambda_k = -\dfrac{(\boldsymbol{r}^{(k)}, \boldsymbol{p}^{(k-1)})}{(\boldsymbol{A}\boldsymbol{p}^{(k-1)}, \boldsymbol{p}^{(k-1)})} \\
\boldsymbol{x}^{(k+1)} = \boldsymbol{x}^{(k)} + \lambda_k \boldsymbol{p}^{(k)}
\end{cases} \tag{4.78}$$

计算过程中，当 $\boldsymbol{r}^{(k)} = 0$，或 $(\boldsymbol{A}\boldsymbol{p}^{(k-1)}, \boldsymbol{p}^{(k-1)})) = 0$ 时，停止计算。

4.4.5 LSQR 法

LSQR(least spuares QR-factorization)方法是 Paige 和 Saunders 于 1982 年提出的，它是利用 Lanczos 方法求解最小二乘问题的一种投影法，由于在求解过程中用到 QR 因子分解法，所以叫做 LSQR 方法。

共轭梯度(CG)算法与 LSQR 方法的主要差别在于，前者求解 $\boldsymbol{Ax}=\boldsymbol{b}$，而后者求解 $\boldsymbol{A}^{\mathrm{T}}\boldsymbol{Ax}=\boldsymbol{A}^{\mathrm{T}}\boldsymbol{b}$。求解 $\boldsymbol{Ax}=\boldsymbol{b}$ 时观测数据误差的放大因子是奇异值的倒数，求解 $\boldsymbol{A}^{\mathrm{T}}\boldsymbol{Ax}=\boldsymbol{A}^{\mathrm{T}}\boldsymbol{b}$ 时观测数据误差的放大因子是奇异值平方的倒数，因此，对于病态问题，LSQR 方法比 CG 方法的效果要好。为提高 LSQR 方法的抗噪能力，可对迭代求解过程施加一定的阻尼，构成阻尼 LSQR 方法。

对于大型稀疏矩阵方程

$$\boldsymbol{Bx}=\boldsymbol{f} \tag{4.79}$$

根据最小二乘原理，方程式(4.79)的法方程可写为

$$\boldsymbol{Bx}=\boldsymbol{A}^{\mathrm{T}}\boldsymbol{Ax}=\boldsymbol{A}^{\mathrm{T}}\boldsymbol{f}=\boldsymbol{b} \tag{4.80}$$

式中，$\boldsymbol{B}=\boldsymbol{A}^{\mathrm{T}}\boldsymbol{A}$，是一对称矩阵。

用 1950 年 Lanczos 产生正交投影的方法，可把对称矩阵简化为三对角阵的形式。将这组正交基记为矩阵形式

$$\boldsymbol{V}_k=[v_1,v_2,\cdots,v_k] \tag{4.81}$$

由正交性有 $\boldsymbol{V}_k^{\mathrm{T}}\boldsymbol{V}_k=\boldsymbol{I}$，则 Lanczos 的迭代过程为

$$\beta_1\boldsymbol{v}_0=\boldsymbol{b},v_0=0 \tag{4.82a}$$

对迭代次数 $i=1,2,\cdots$

$$\boldsymbol{w}_i=\boldsymbol{B}v_i-\beta_i v_{i-1} \tag{4.82b}$$

$$\alpha_i=v_i^{\mathrm{T}}w_{i-1} \tag{4.82c}$$

$$\beta_{i+1}v_{i+1}=w_i-\alpha_i v_i \tag{4.82d}$$

式中，β_i 与残差向量 $\boldsymbol{r}_{i+1}$ 及 $\boldsymbol{r}_i$ 的模的比值有关，只取正值。向量 $\boldsymbol{V}_k$ 称为 Lanczos 向量，它构成了 $K_i(\boldsymbol{B},\boldsymbol{b})$ 子空间的规格化正交基。为求解方程还需求出 $\boldsymbol{Bx}=\boldsymbol{b}$ 在此子空间的投影 $x_i\in K_i$。记三对角线矩阵

$$\boldsymbol{T}_k=\mathrm{tridiag}(\beta_i,a_i,\beta_{i+1}) \tag{4.83}$$

可得

$$\boldsymbol{BV}_k=\boldsymbol{V}_k\boldsymbol{T}_k+\beta_{k+1}(0,0,\cdots,0,v_{k+1}) \tag{4.84}$$

式(4.84)两边乘以任意向量 $\boldsymbol{y}_k$ 有

$$\boldsymbol{BV}_k\boldsymbol{y}_k=\boldsymbol{V}_k\boldsymbol{T}_k\boldsymbol{y}_k+\beta_{k+1}(0,0,\cdots,0,v_{k+1})\boldsymbol{y}_k \tag{4.85}$$

令

$$\boldsymbol{x}_k = \boldsymbol{V}_k \boldsymbol{y}_k, \quad \boldsymbol{T}_k \boldsymbol{y}_k = \beta_1 (1, 0, \cdots, 0)^{\mathrm{T}} = \beta_1 \boldsymbol{e}_1^{\mathrm{T}} \tag{4.86}$$

由式(4.82a)中的 $\boldsymbol{b} = \beta_1 V_0$ 有

$$\boldsymbol{B}\boldsymbol{x}_k = \boldsymbol{b} + \eta_k \beta_{k+1} \boldsymbol{U}_{k+1} \tag{4.87}$$

当 $\eta_k \beta_{k+1}$ 小到可以忽略时，便可求出方程式(4.79)的近似解。根据 $\boldsymbol{V}_i \perp \boldsymbol{K}_i$ 的正交投影条件可知，$x_k \in K$ 即为方程组在此子空间的投影。

考虑阻尼最小二乘问题

$$\min \left\| \begin{bmatrix} \boldsymbol{A} \\ \lambda \boldsymbol{I} \end{bmatrix} \boldsymbol{x} - \begin{bmatrix} \boldsymbol{b} \\ 0 \end{bmatrix} \right\|_2 \tag{4.88}$$

其解满足以下方程系统

$$\begin{bmatrix} \boldsymbol{I} & \boldsymbol{A} \\ \boldsymbol{A}^{\mathrm{T}} & -\lambda^2 \boldsymbol{I} \end{bmatrix} \begin{bmatrix} \boldsymbol{r} \\ \boldsymbol{x} \end{bmatrix} = \begin{bmatrix} \boldsymbol{b} \\ 0 \end{bmatrix} \tag{4.89}$$

式中，$\boldsymbol{r} = \boldsymbol{b} - \boldsymbol{A}\boldsymbol{x}$ 为残差向量。

经过式(4.82)～式(4.86)$2k+1$ 次迭代后，得

$$\begin{bmatrix} \boldsymbol{I} & \boldsymbol{B}_k \\ \boldsymbol{B}_k^{\mathrm{T}} & -\lambda^2 \boldsymbol{I} \end{bmatrix} \begin{bmatrix} t_{k+1} \\ \boldsymbol{y}_k \end{bmatrix} = \begin{bmatrix} \beta_1 & \boldsymbol{e}_1 \\ 0 & 0 \end{bmatrix} \tag{4.90}$$

$$\begin{bmatrix} \boldsymbol{r}_k \\ \boldsymbol{x}_k \end{bmatrix} = \begin{bmatrix} \boldsymbol{U}_{k+1} & 0 \\ 0 & v_k \end{bmatrix} \begin{bmatrix} t_{k+1} \\ \boldsymbol{y}_k \end{bmatrix} \tag{4.91}$$

式中，$\boldsymbol{B}_k$ 为$(k+1)\times k$ 的下双角阵；$\boldsymbol{y}_k$ 为另一个阻尼最小二乘问题

$$\min \left\| \begin{bmatrix} \boldsymbol{B}_k \\ \lambda \boldsymbol{I} \end{bmatrix} \boldsymbol{y}_k - \begin{bmatrix} \beta_1 & \boldsymbol{e}_1 \\ 0 & 0 \end{bmatrix} \right\| \tag{4.92}$$

的解，即

$$\boldsymbol{B}_k \boldsymbol{y}_k = \beta_1 (1, 0, \cdots, 0)^{\mathrm{T}} \tag{4.93}$$

是最小二乘解，得到 $\boldsymbol{y}_k$ 后利用式(4.74)即可得到 $\boldsymbol{x}_k$。这便是带阻尼的最小二乘 QR 算法(DLSQR)的基本原理。

4.5　三角网声波射线层析成像数值算例

4.5.1　三角网声波层析反演流程

三角网射线层析成像应包括以下主要内容：①数据采集，即拾取各震源至接收换能器的初至走时 t_{m}；②正演模拟，包括三角网剖分、射线追踪及建立走时方程等；③反演求解；④结果输出。反演求解具体流程如下。

第 1 步：建立成像区域几何结构。这一步最主要的是根据边界几何特

征、先验信息等建立成像区域的背景网，包括初始网格密度的设置等，为三角网剖分打下基础，同时建立成像区域的相对坐标系统。

第 2 步：建立成像区域初至走时信息。包含的信息有震源点坐标、对应每一源点接收排列的坐标及走时 t_m。

第 3 步：成像区的坐标旋转和切面投影。实际成像区域的几何信息是三维世界坐标系，应进行一系列的旋转变换和切面投影，以有利于二维成像操作。

第 4 步：成像区域三角网剖分。按背景网及当前速度模型设置的网格密度函数值进行剖分，形成三角单元节点坐标数据文件。

第 5 步：建立三角网各节点的拓扑关系。包括源节点、接收节点、三角单元顶点节点及三角边插入节点之间的拓扑关系，为射线追踪打下基础。

第 6 步：初始速度模型输入。若存在先验速度信息，如已知声速测井资料等，则可按先验速度信息建立初始速度模型；反之，则输入均匀速度模型。

第 7 步：三角网射线追踪。对于每个源点，按第 3 章的三角网射线追踪方法进行射线追踪，得到相应源点下各节点的次级源及次级源所在的三角单元。

第 8 步：接收点的向源检索。对于每个源点对应的接收点，按第 3 章的三角网射线追踪方法的向源检索，得到射线路径，射线路径包含了从接收点至源点的坐标、所在三角单元等信息，据此形成 Jacobi 矩阵 **A**。由于 **A** 为一稀疏矩阵，采用压缩存储，只需记录射线所经历的三角单元及在此三角单元的长度即可。如采用以下的类定义。

```
struct Ray1                      //一条射线类定义
{
vector<Triangle *> t;            //本条射线经过的三角单元
vector<double> d;                //本条射线经过的三角单元的路程
double time;                     //本条射线的实测走时
};
```

第 9 步：反演求解。根据 Jacobi 矩阵 **A**，计算理论走时 t_c、走时残差 $\delta t = t_m - t_c$，建立反演方程 $\boldsymbol{A}\delta v = \delta t$；采用相应反演算法解方程求取 δv，修改模型 $v = v_0 + \delta v$；第 9 步中还要判断中止条件，若满足中止条件，则转下一步，否则转第 7 步，若想根据射线密度、速度分布等信息重新对成像区域离散化，则转第 4 步；在这一步中，若不满足中止条件，一般迭代若干次后，再回到射线追踪或网格再剖分，如此反复进行，直至满足设置的中止条件，中止条件可以是迭代次数,也可以是预先设置走时残差等条件。

第 10 步：成像结果输出。规则网成像结果的输出只需输出各单元中心坐标及单元的速度值;对于不规则网,采用这种方式,可能会导致成像结果的失真,为此本节采用“采样”输出的办法,有效解决了这一问题。即在横向和纵向等间距设置采样点,这样一个三角单元可有多个采样点,最终形成规则的网格成像数据。

本章计算机程序采用 C++语言,反演方法采用 ART 算法。

4.5.2 声波层析反演数值模拟

1. 模型

本次数值模拟的模型选择第 2 章图 2.29 含低速圆状和断层区域的模型。

(1) 模型几何结构。由 5 个点组成 5 个边形成外部区域边界;在区域内设置模拟断层的板状子域 Ω_2:与模型下边界和左边界的 4 个交点坐标分别为(38.882,0)、(40,0)、(0,20)、(0,19.44);低速圆子域:圆心坐标为(35,15),半径为 5m。

(2) 模型速度分布。为了模拟 Ω_3～Ω_5较大的速度变化梯度,增加网格加密子域 Ω_4。Ω_4、Ω_5子域沿圆弧等分成 40 个折线段模拟圆弧。网格剖分采用了不均匀密度控制函数,各子域的模拟速度 $\Omega_1: v_p=3000$m/s,$\Omega_2: v_p=2000$m/s,$\Omega_3: v_p=4000$m/s,$\Omega_4: v_p=4000$m/s,$\Omega_5: v_p=3000$m/s。

(3) 源点和接收点布置。源点设置在 P_1P_4 边和 P_4P_5 边,每 1m 设置 1 个源点,共设 51 个源点;接收点设置在 P_5P_6 边、P_6P_7 和 P_7P_1 三边,每 1m 设置 1 个接收点,共设 103 个接收点。接收点走时数据由速度模型的射线追踪正演数值模拟结果作为层析反演的已知走时数据。

2. 层析反演数值模拟过程

图 4.8 为层析反演迭代过程图,全面刻画了由初始速度模型逐渐逼近真实速度模型的过程。

图 4.8(a)和图 4.8(b)为左下角源点的真实速度模型射线追踪正演结果和真实速度模型;图 4.8(c)和图 4.8(d)为左下角源点的直射线追踪路径和直射线第 1 次迭代反演的模型速度分布结果;图 4.8(e)和图 4.8(f)为左下角源点的第 1 次迭代速度模型射线追踪路径和第 2 次迭代反演的模型速度分布结果;图 4.8(g)和图 4.8(h)为左下角源点的第 2 次迭代速度模型射线追踪路径

和第 3 次迭代反演的模型速度分布结果；图 4.8(i)和图 4.8(j)为左下角源点的第 3 次迭代速度模型射线追踪路径和第 4 次迭代反演的模型速度分布结果；图 4.8(k)和图 4.8(l)为左下角源点的第 4 次迭代速度模型射线追踪路径和第 5 次迭代反演的模型速度分布结果；图 4.8(m)和图 4.8(n)为左下角源点的第 5 次迭代速度模型射线追踪路径和第 6 次迭代反演的模型速度分布结果；图 4.8(o)和图 4.8(p)为左下角源点的第 6 次迭代速度模型射线追踪路径和第 7 次迭代反演的模型速度分布结果。

由图 4.8 可以清晰地看出，随着迭代次数的增加，射线追踪结果越来越接近由速度模型正演的射线追踪结果；反演的模型速度分布越来越接近实际模型的速度分布。需要说明的是，以上获得的成像结果没有经过人为圆滑处理，图像中还保留有三角单元剖分的细部特征。通过 7 次迭代，厚度仅 0.56m 的低速板也能够比较清楚地反映出来；位于右上角的圆形低速度区域的圆状轮廓已清楚地呈现出来。反演结果表明，三角网射线层析成像方法具有以下特点：①复杂区域网格参数化适应性强；②可以灵活精确地描述不规则的速度界面；③正演模型灵活性强；④分辨率高，成像结果更接近实际结构形态特征。

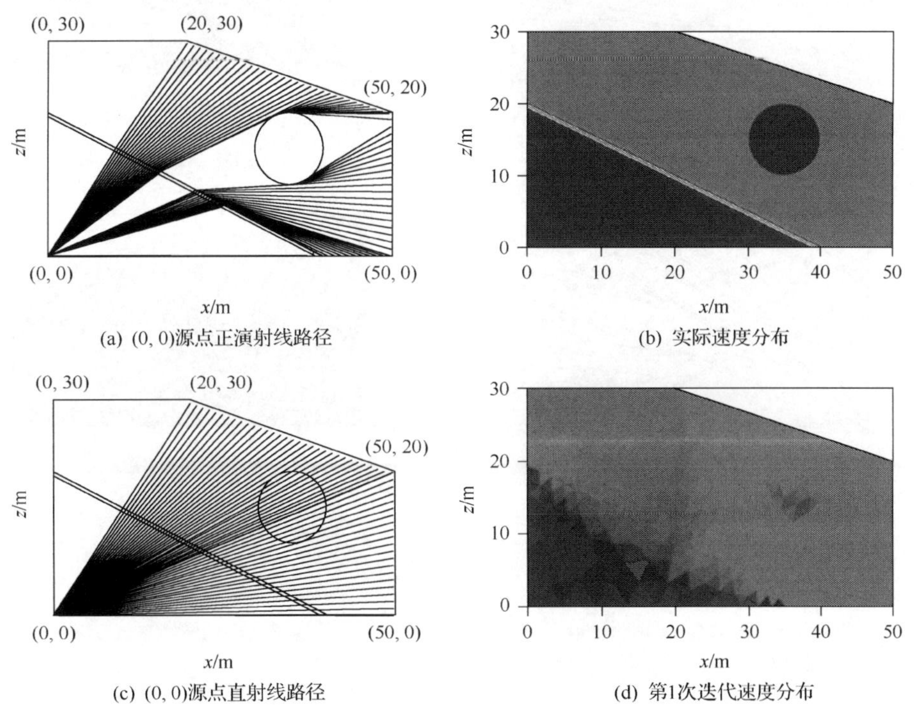

(a) (0, 0)源点正演射线路径　(b) 实际速度分布

(c) (0, 0)源点直射线路径　(d) 第1次迭代速度分布

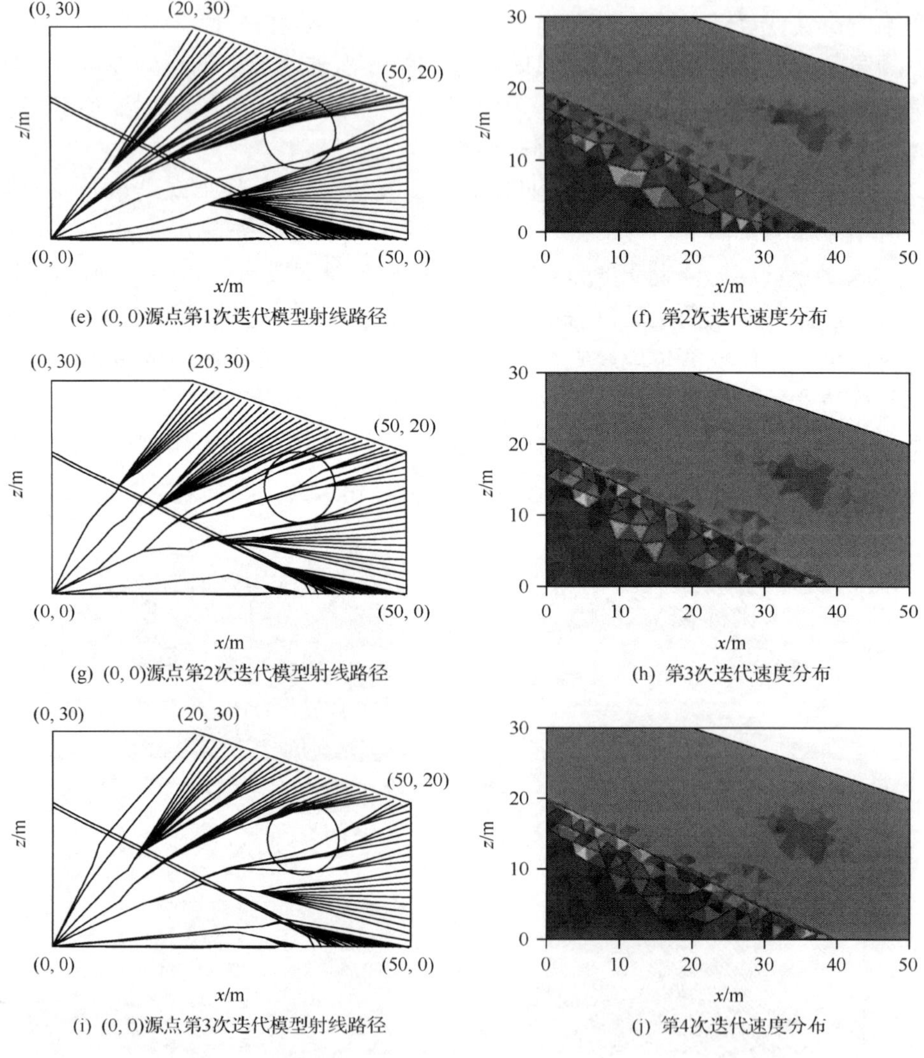

(e) (0, 0)源点第1次迭代模型射线路径

(f) 第2次迭代速度分布

(g) (0, 0)源点第2次迭代模型射线路径

(h) 第3次迭代速度分布

(i) (0, 0)源点第3次迭代模型射线路径

(j) 第4次迭代速度分布

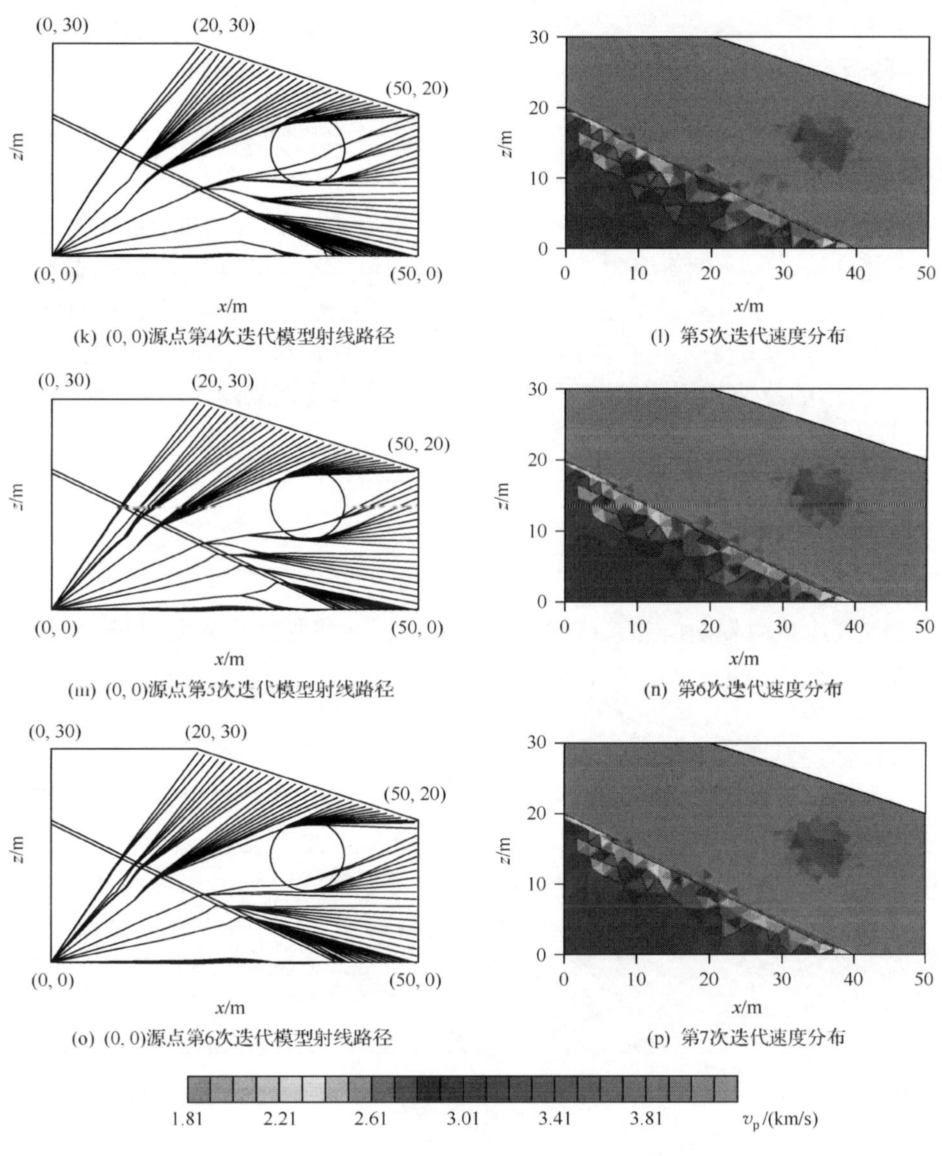

图 4.8　层析反演迭代过程图(文后附彩图)

第5章 大透距声波探测仪

大透距声波检测仪由仪器硬件系统、数据采集控制系统和数据处理系统三大部分组成。硬件系统包括主机、声波发射和接收换能器及电源等；数据采集控制系统主要包括采样控制、工程参数设置、系统参数设置、文件管理等功能；数据处理系统主要包括显示\隐藏单列波形、声速(*V*)、声时(*T*)、能量(*E*)曲线、波形的拉伸与压缩、过程回放、声速层析成像处理软件。

5.1 硬件系统

5.1.1 主机

仪器主机由发射电路系统、接收电路系统、微机控制电路等部分组成，其原理框图如图5.1所示。主机内置Windows Me操作系统，通过操作系统软件控制仪器的采集、参数设置、文件管理等工作。

仪器主要性能指标：

一体化仪器：奔腾处理器，Windows Me操作界面，彩色显示器内置式防水键盘和鼠标；发射频率：60kHz；发射电压：450V；频带宽度：0.01～200kHz；增益范围：0～52dB；采样间隔：0.05～2μs；采样精度：12bit；采样长度：512～4096bit；采样通道：1；触发方式：外触发、内触发；平均功耗：小于10W；工作温度：0～40℃；工作湿度：≤85%；外接电源：AC(220V±10%，50Hz±5%)，DC(12V±10%)。

5.1.2 声波换能器

1. 声波发射换能器

兼顾检测精度和穿透距离之间的关系，仪器配置了两种声波发射换能器：一种是压电陶瓷(PZT)声波换能器，主频50kHz，主要用于检测跨距小于4m的结构体；另一种是超磁大功率声波换能器，主频5～8kHz，主要用于检测跨距大于10m的岩体或混凝土结构体。

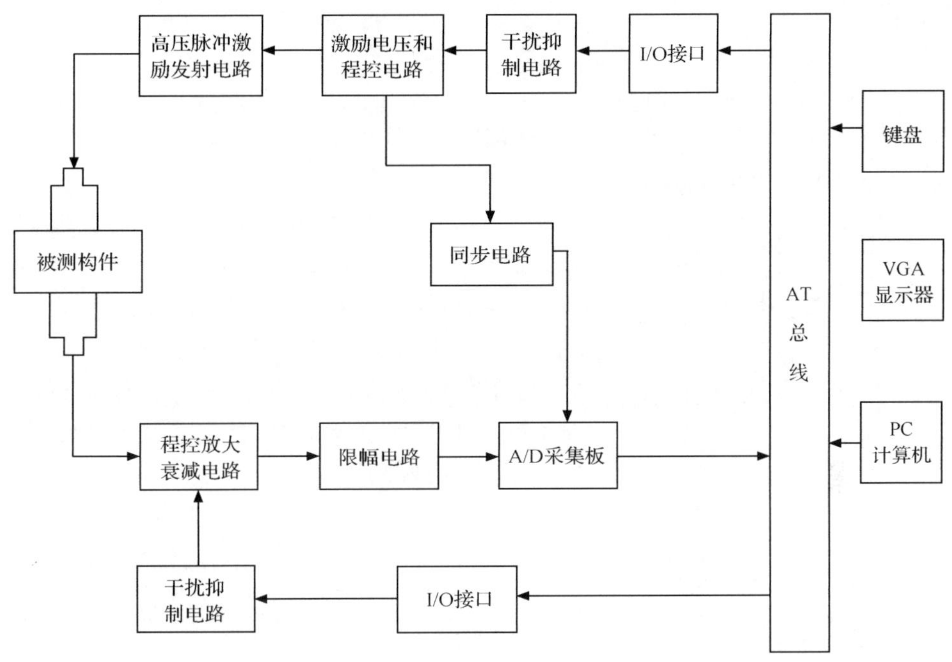

图 5.1　声波检测仪原理框图

1）超磁致伸缩声波发射换能器[137,138]

超磁致伸缩材料(giant magnetostrictive materials，GMM)为稀土元素(Tb)、镝(Dy)、铁(Fe)的合金化合物，故又称稀土超磁致伸缩材料，其基本结构成分为 $Tb_xDy_{1-x}(MyFe_{1-y})_z$($x$=0.5～0.2，$y$=0.05～0.2，$z$=1.9～20)。与传统的压电陶瓷(PZP)和纯镍(Ni)材料相比，GMM 具有许多独特之处，其性能比较如表 5.1 所示。

表 5.1　GMM、PZP 和 Ni 性能比较表

材料名称	最大应变 ε	能量密度/(J·m^{-3})	速度/(m·s^{-1})
Ni	35×10^{-6}	130	4760
PZP	5.5×10^{-4}	2×10^{3}	2800～3500
GMM	$>10^{-3}$	2×10^{4}	650

由表 5.1 所列数据，GMM 具有如下特点。

(1) 磁致伸缩效应的最大应变是压电陶瓷的 4 倍，是纯镍的 30 倍。

(2) 能量密度比压电陶瓷的能量密度至少大 10 倍，而纯镍的能量密度仅为 130J/m³。

(3) 声速仅为 650m/s，比压电陶瓷和纯镍的声速度要小 4～5 倍。因此，用 GMM 做成的声波发射换能器在相同体积的条件下，其共振频率比压电陶瓷换能器的共振频率要低 4～5 倍，辐射声功率可大 10 倍以上，故超磁致伸缩材料适于制作大功率的、频率低于 10kHz 的换能器。

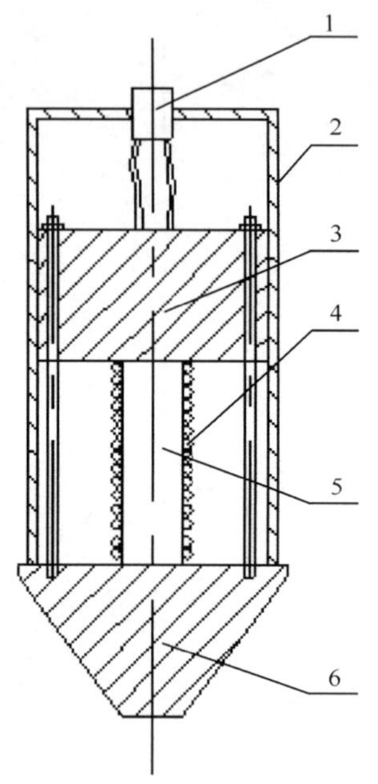

图 5.2 超磁致声波换能器结构图
1. 引线插头；2. 外壳；3. 压块；4. 驱动线圈；5. 超磁棒；6. 辐射头

超磁致伸缩声波换能器的结构如图 5.2所示，其内部结构主要由预应力压块、超磁棒、线圈和声辐射头组成。

预应力压块的作用是使超磁棒处于最佳工作特性状态；锥形辐射头的作用有两个：一是声辐射指向性好；二是更易与煤介质做到更好的耦合。

工作时，发射机向驱动线圈施以 100～600V 的脉冲电压，形成交变磁场，在磁场作用下，超磁棒产生伸缩以声波的形式辐射出去。

超磁致伸缩材料（Terfeno1-D）的缺点是材质脆、机械加工困难、高频涡流损耗大、必须进行线切割以及价格昂贵等。用超磁致伸缩材料制作的声波换能器虽然穿透距离大，由于其共振频率低，与共振频率较高的压电陶瓷换能器相比，其检测精度要低，但仍优于目前检测大尺度构件时采用的震源（如电火花震源、锤击震源）。它特别适合在适度高的频率范围内产生高强度超声。

2) 压电陶瓷（PZT）声波换能器

仪器配置的压电陶瓷（PZT）声波换能器是通用的适用于混凝上、锚杆、岩石及其他粗结构材料的脉冲接触式纵波直探头，基本频率为 50kHz，发射和接收可以互换。

2. 声波接收换能器

与超磁致伸缩声波换能器匹配的接收换能器采用了一种高 d_{33} 压电晶体材料的复合振子型接收换能器，该换能器是一种具有较高的机电耦合系数、较小的特性阻抗、较小的机械性、带宽较宽的纵向复合式增压端面接收换能器，基本满足了高灵敏度、低噪声、大动态范围、短余震、宽频带的要求。实测研究表明，其效果良好。

5.2 仪器操作系统

仪器操作系统包括数据采集参数设置、采样控制、信号分析、文件管理等功能。

5.2.1 仪器操作采集软件的安装

1) 采集卡驱动模块安装

基于虚拟仪器开发平台 LabWindows/CVI 开发的高速数据采集卡工作时需要虚拟平台低层模块的支持。在第一次安装该系统时需要安装驱动模块，运行主机内 d:\driver\RTE Setup 目录下的 Setup. exe 即可。

2) 采集与分析软件安装

信号采集与分析软件的安装只需直接运行主机内 d:\driver\安装包目录下的 Setup. exe。安装结束后在桌面生成 JL-SonicCT2005 图标。

5.2.2 信号采集

双击运行软件，进入实时采集界面，点击“采样/进入采样”，进入信号实时采样环境(图 5.3)。

图 5.3 信号实时采集界面

1. 实时采样界面功能菜单

1）文件

文件下有“保存”、“另存为”、“关闭”及“退出”等功能（图 5.4）。采样结束后，可以按“保存”将实测数据保存到文件中，按“另存为”将实测数据以其他文件名另存。“关闭”为关闭当前窗口，“退出”为退出应用程序。在实测过程中，已经将数据保存到了事先命名的文件中，因此“保存”功能实际上可以不用。

图 5.4　文件操作界面

2）查看

如图 5.5 所示的查看操作界面下有“工具栏”、“状态栏”、“滚动显示”、“参数信息”、“采样控制”等功能栏。查看的这些功能菜单主要控制相应信息的显示与隐藏。“工具栏”控制窗口内的工具条的显示与隐藏；“状态栏”控制窗口底端的状态栏的显示与隐藏；“滚动显示”为从实测窗口切换到滚动显示窗口。在该软件中，为了提高实时采样的效率，将信号分析窗口与实时采样窗口分开。当实时采样结束后，可由“滚动显示”切换到信号分析窗口。下面仅对“参数信息”进行说明。

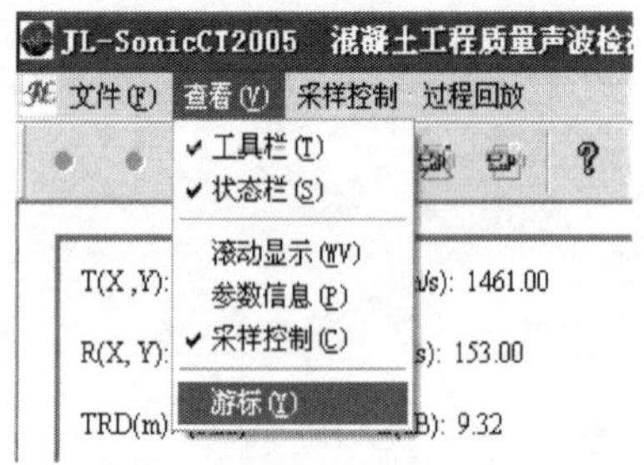

图 5.5　查看操作界面

“参数信息”为实时采样时需要设置的各种参数，当此菜单项被选中后，显示如图 5.6 所示的参数设置界面。

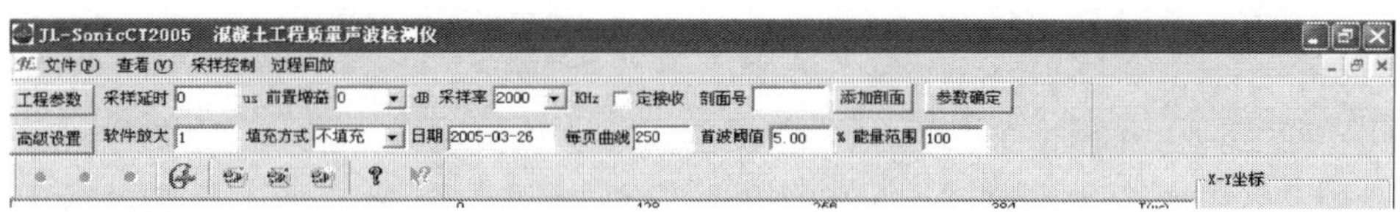

图 5.6　参数设置界面

参数设置最好遵循以下顺序：工程参数、高级参数、采集参数、添加剖面、参数确定。

(1) 工程参数设置。点击“工程参数”，即进入工程参数管理界面(图 5.7)，在此处可以打开原有的工程文件，也可以建立新的工程文件。点击“浏览”找到原工程文件所在的目录或新工程文件将要存放的目录。若要打开原有的工程文件，将在工程列表中显示该目录中所有的工程文件，从中选择即可。若要新建工程文件，只需直接在工程参数中输入相应的信息，工地名输入后，点击“当前工程”的编辑栏，即显示当前工程文件所存放的完整目录。点击“确定”后，相应的工程文件就建立了，点击“返回测试”，退回到实测界面。

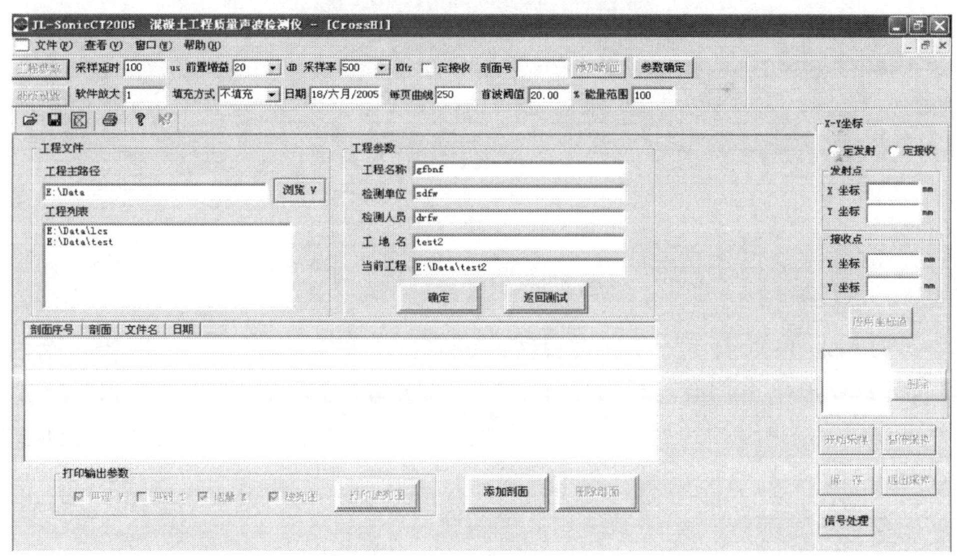

图 5.7　工程参数管理界面

(2) 高级参数设置。图 5.8 为高级参数包括发射和接收换能器的工作参数。发射脉宽表示发射脉冲信号的脉冲宽度;发射频率表示换能器每秒振动激发的次数。系统校零表示两换能器之间距离为零(发射与接收换能器对在一起)时实测的时间值;采样长度表示接收信号采集的字节数,有 256bit、512bit、1024bit、2048bit、4096bit 五种选择。

(3) 采集参数设置。采集参数即采集卡工作参数与工作方式,包括采样延时、前置增益、采样率和发射接收方式。前置增益:数据采集卡的程控放大器增益,以 dB 为单位,范围:0～52dB;采样延时:从发射探头开始发射声波到采集卡开始采样的时间间隔(单位:μs);采样率:采集卡的模数转换速率。可选:20MHz、10MHz、5MHz、5.5MHz、1MHz、500kHz、200kHz。发射接收方式:若为定接收,则选中“定接收”复选框,否则取消。此参数用于随后将数据按炮点转存到 Seg2 格式文件。

所有以上参数正确设置好后,点击“参数确定”即可开始实时检测工作。

3) 采样控制

采样控制指在实测过程对采集卡的控制,包括启动采样、暂停采样和终止采样,如图 5.8 所示。此组功能键与上述的采样控制对话框内的相应功能按钮是一致的。

图 5.8 采样控制界面

启动采样:所有参数正确设置后,点击“启动采样”即开始实时采样。若不是从“暂停采样”状态转到开始采样状态,系统将检测采集卡的工作状态并对其初始化。此时若 USB 端口设置错误,系统将提示端口错误,此时应该重新设置 USB 端口,再重新开始采样过程。

暂停采样:在实时采集过程中,若要修改采样参数,应使采集卡暂时停止工作,采集参数确定后,点击“启动采样”,即可继续采样。

终止采样:终止当前剖面的采集过程。此时系统将停止发射声波,关闭采集卡,退出实时采集环境。

4）过程回放

采样结束后，可以对采样过程进行回放，通过“开始回放”、“暂停回放”、和“停止回放”选项来控制。

2. 信号实时采集

信号实时采集窗口界面如图 5.9 所示。在实测过程中，采集的数据按设置的发射接收方式和发射接收坐标点进行存储及保存，因此在实测前应设置发射接收坐标点。点坐标设置好后，点击“应用坐标值”，则设置的点坐标被保存，然后点击“开始采样”，即声波以设定的发射频率与脉宽发射及连续数据采集，对当前信号需要保存时，点击“暂停采样”，再点击“保存”，则数据被保存，保存后的测点序号显示在测点列表栏中。若测点坐标未改变，则为对测点重测。改变发射接收点坐标，进行下一点的检测。如果保存了不需要的数据（测点数据不合适或测点坐标输入不正确），请不要中断检测过程，只需正确输入测点坐标后，按正常方式进行检测，等整体检测结束后，找到错误数据记录序号，直接按“删除”即可。

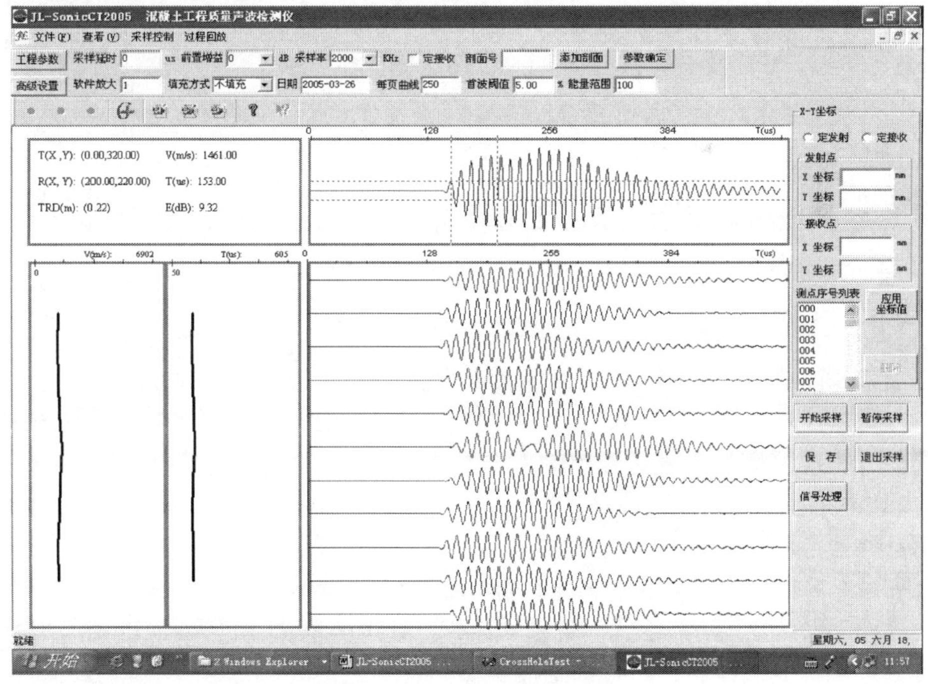

图 5.9　信号实时采集窗口

5.2.3 信号分析

图 5.10 为信号分析窗口界面，主功能菜单有文件、查看、拉伸、压缩、分析结果、CT 分析、窗口和帮助，下面对各功能菜单一一介绍。

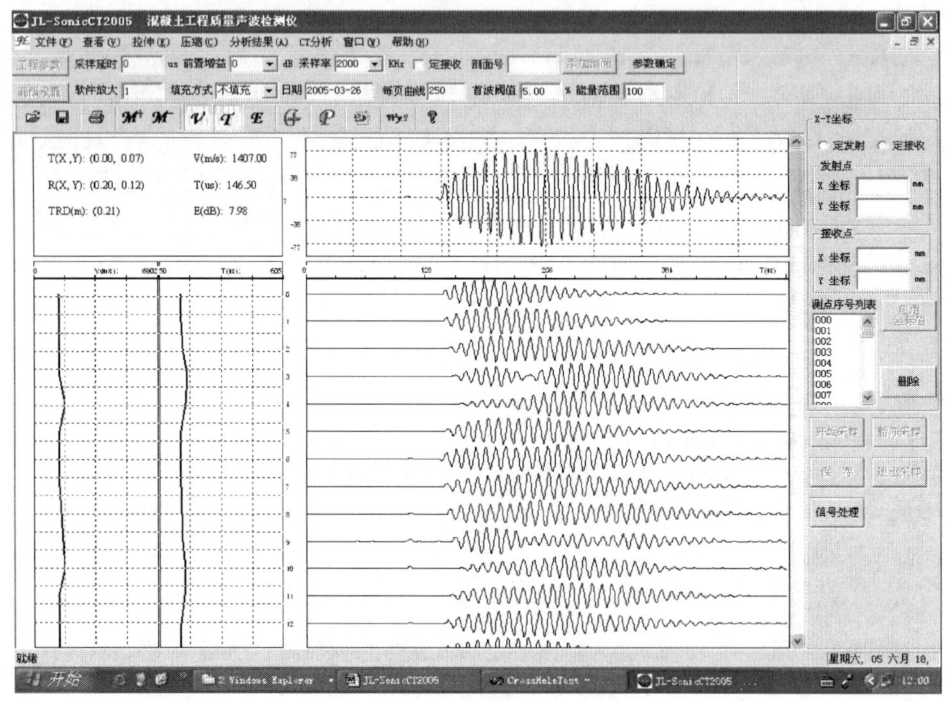

图 5.10　信号分析窗口界面

1) 文件

如图 5.11 所示，其功能菜单操作如下。

(1) 打开。打开数据文件，文件格式包括通用 Seg2 文件、本系统的数据文件 ctd、本系统的工程文件 ctp。

(2) 保存。当对信号进行了分析或在参数栏中调整了首波阈值，此功能保存修改后的信号。

(3) 另存为。对信号进行换名存盘。

(4) 转存 CT 文本格式。根据 CT 分析软件的格式，将该软件识别后声时及测点坐标值保存到文本数据文件中。

(5) 转存 SEG2 格式。将数据转存为通用的 Seg2 文件格式。输入初始

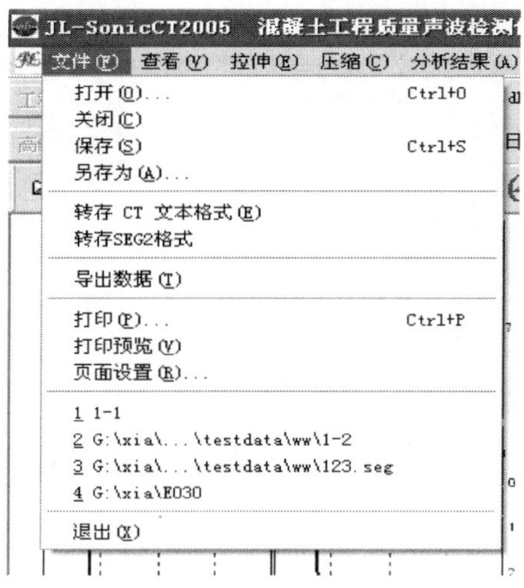

图 5.11　信号分析文件对话框

文件名后，系统将根据不同的发射接收方式，将数据转存到多个 Seg2 文件中；若为定发射，则同一发射点下的一组接收数存放到同一个 Seg2 文件中；若为定接收，则同一接收点下的一组数据存放到同一个 Seg2 文件中。Seg2 文件名按定点序号递增。

(6) 导出数据。将所有数据转存为文本文件，文件第一列为采样点序号，第一行为记录序号。文本文件的每一列为一个数据记录，数据记录的最后 9 个数据分别为发射点 x 坐标和 y 坐标、接收点 x 坐标和 y 坐标、声速(m/s)、声时(data/1000＝μs)、能量(data/1000＝db)、延迟时间(μs)和采样速率(Hz)。

(7) 打印、打印预览和页面设置。进行波列图的打印输出，首先设置页面参数，可以修改参数设置中“每页曲线”来指定每页打印输出的曲线数，最后可以通过打印预览来进行打印输出。

(8) 退出。退出分析系统。

2) 查看

如图 5.12 所示，查看中有工具栏、状态栏、参数信息、采样控制、选择曲线类型、网格线、过程回放及游标。其中工具栏、状态栏、参数信息和采样控制栏与实测界面功能相同。

选择曲线类型：在窗口左侧的声参数曲线显示中，可以选择同时显示或隐藏的声参数有声速、声时、能量。

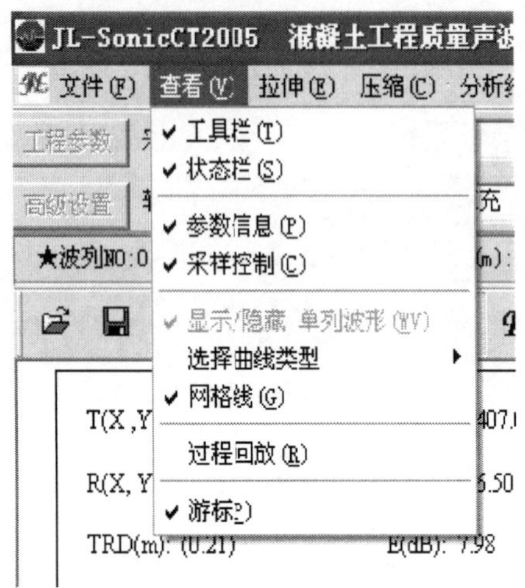

图 5.12　信号分析查看对话框

网格线:显示或隐藏当前曲线和声参数曲线中的网格线。

过程回放:进入实时检测窗口,回放实测过程。

游标:当此项处于选中状态时,可以滚动鼠标从波列图中读取鼠标所在处记录的相关信息,包括记录号、发射与接收点坐标、声速、鼠标所在位置的点号、声时及幅值。

3) 拉伸与压缩

增加或减少波列图中的曲线,以将曲线放大显示或压缩显示。

4) 分析结果

包括提取声学参数、单道处理与批处理。

(1) 提取声学参数。如图 5.13 所示,在波列图中,拖动鼠标左键选择要提取的记录,松开鼠标左键后,所选范围记录的声学参数显示在"获取声学参数"列表中,声参数包括发射点坐标、接收点坐标、声速、声时及能量。可同时做多次选取操作。对于提取的结果中的某些数据可以选中后删除,也可以保存为文本文件。

(2) 单道处理。对选中的单道记录进行频谱分析、滤波分析及准确读取或修改声时,此处可以对单道记录数据进行处理,也可以对所有记录数据进行处理。此菜单功能与在波列图中双击鼠标左键的功能相同。在图 5.14 中,可以进行 FFT 及带通滤波,可以移动游标位置以准确读取声时,游标或鼠标所在位置的声时及声幅显示在相应位置。当要将游标所在位置的声时作为新的

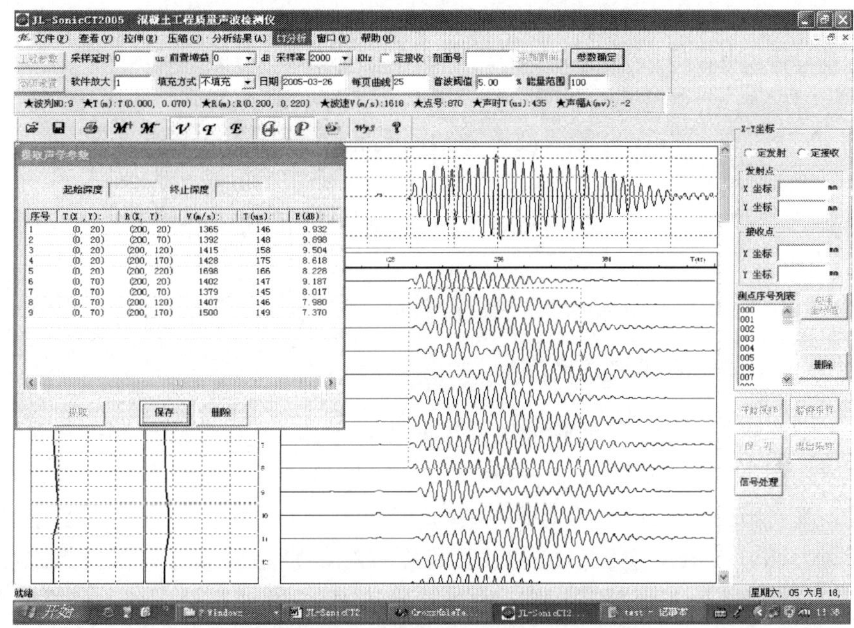

图 5.13 提取声学参数界面

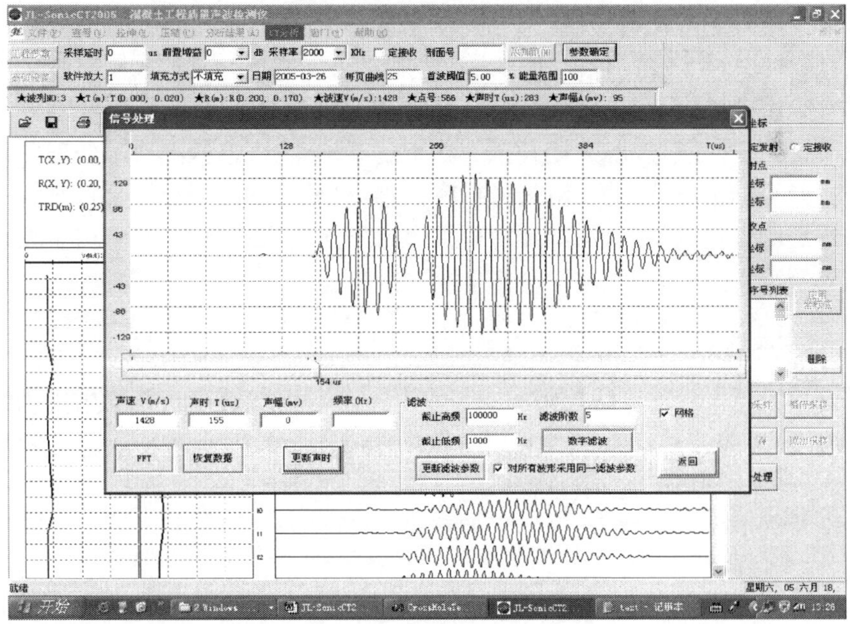

图 5.14 单道记录数据分析

声时值时，只需点击“更新声时”，则立即根据新的声时计算声速，并更新原始数据中的相应值。若要将选择的恰当的滤波参数用于所有记录数据，只需选中“对所有波形采用同一滤波参数”。

(3) 批处理。按设定的滤波参数对所有记录同时进行滤波处理。

5.3 大功率声波检测仪应用实例

本节介绍两个采用大功率声波探测的具体实例，以考察实际探测效果。

5.3.1 煤矿工作面顶煤厚度探测

煤层厚度探测，特别是放顶煤开采时顶煤厚度快速、准确探测一直是我国大中型高产高效矿井亟待解决的问题。顶煤厚度探测的准确程度与准确掌握放煤力度、保证煤质、准确计算回收率有直接的关系。声波反射法是目前顶煤厚度探测的有效方法之一。煤层残余厚度探测特别是放顶煤开采顶煤厚度探测，由于其探测条件所限，一般采用极小偏移距弹性波反射法进行探测[139]。采用反射波法探测煤厚的突出问题有两个：一是震源问题，由于煤岩介质裂隙较发育，且所需探测的厚度要求介于 3～8m，需大功率宽频带震源才能检测到来自煤层顶界面的反射波；二是如何从实测信号中识别来自煤层顶板煤岩界面的反射波。因为煤厚探测实测信号波形复杂，反射波能量弱，所以直接从实测信号中识别反射波极其困难，这是影响煤厚探测效果的一个重要原因。为了解决这两个问题，震源采用超磁大功率震源，而在煤厚探测信号处理中采用小波多分辨分析方法，将实测信号按频段进行分解，借助于小波分析对信号突变点识别能力强的特点，清晰地获得了煤岩界面的反射波信号，取得了理想的探测效果。

1. *方法原理*

对于综采工作面顶煤厚度探测，由于受现场条件的限制，宜采用极小偏移距反射法，由于其偏移距 10～20cm 远小于煤层的厚度，可近似认为是零偏移距垂直反射法，也称为自激自收法。

设 h 表示煤层的厚度，x 表示偏移距，实际测量中，取值为 10～20cm。反射波时距方程为

$$t=\frac{\sqrt{4h^2+x^2}}{v} \tag{5.1}$$

式中，t 为反射波的双程时，s；h 为煤层的厚度，m；x 为偏移距，m；v 为弹性波在煤层中的速度，m/s。因 $x \ll h$，有

$$h \approx \frac{vt}{2} \tag{5.2}$$

时间 t 的数值根据实际采集的信号分析后得到。波速 v 的取值是否准确将直接影响煤厚探测的精度。一般来说，在一个采区，煤层的垂直波速都比较稳定。

因此，在新区进行顶煤厚度探测之前，首先要对煤层的声波速度进行多点标定，然后取其统计平均值作为计算煤层厚度的速度值。

在顶煤厚度探测中，煤层与其顶底板岩层存在着较大的物性差异，具有较大的波阻抗差值，在接收记录上形成强的反射波，这个与煤层有关的反射波称为煤层反射波。假设有一煤层，其厚度为 h，密度和波速分别为 ρ_1、v_1，顶板岩石的密度和波速分别为 ρ_2、v_2，根据弹性波理论，煤岩界面垂直入射的反射系数为

$$R = \frac{\rho_2 v_2 - \rho_1 v_1}{\rho_1 v_1 + \rho_2 v_2} \tag{5.3}$$

式中，$\rho_1 v_1$ 为煤层的波阻抗；$\rho_2 v_2$ 为顶板岩石的波阻抗。一般情况下，煤层密度为 1.3～1.7g/cm^3，波速为 1800～2200m/s；顶板岩石的密度为 2.4～3.0g/cm^3，波速为 3000～4000m/s。由此可见煤岩界面是一个较强的反射界面，应用声波反射法探测煤层厚度是一种比较理想的探测方法。

2. 多分辨分析和正交小波变换

1）小波多分辨分析[140,141]

多分辨分析是将函数 $f(t) \in L^2(R)$ 表示为一系数列闭子空间 $\{V_m; m \in Z\}$ 的投影的线性组合，且具有如下性质。

一致单调性：

$$\cdots \subset V_{-1} \subset V_0 \subset V_1 \subset \cdots \subset V_j \subset \cdots \tag{5.4}$$

渐近完全性：

$$\bigcup_{j=-\infty}^{+\infty} V_m = L^2(R), \quad \bigcap_{j=-\infty}^{+\infty} V_m = \{0\} \tag{5.5}$$

伸缩规则性：

$$f(x) \in V_m \Leftrightarrow f(2x) \in V_{m-1} \tag{5.6}$$

正交基存在性：存在尺度函数 $\phi(t) \in V_0$，对 $\forall m \in Z$，集合 $\phi_{mn}(t) = 2^{-m/2}\phi(2^{-m}t - n)$ 是 V_m 的正交基，即

$$\langle \phi_{mn}(t), \phi_{mn'}(t) \rangle = \delta_{n-n'} \tag{5.7}$$

记 W_m 为 V_m 在 V_{m-1} 中的正交补空间，则有

$$V_{m-1} = V_m \oplus W_m, V_m \perp W_m \tag{5.8}$$

2) 正交小波变换

多分辨分析为下述正交小波变换提供了理论依据。对应于尺度函数 $\phi(t) \in V_0$，函数 $\psi(t) \in W_0$ 称为小波函数。它们可以表示成子空间 V_{-1} 基函数的线性组合：

$$\phi(t) = 2^{1/2} \sum_{n \in Z} h_0[n] \phi(2t - n) \tag{5.9}$$

$$\psi(t) = 2^{1/2} \sum_{n \in Z} h_1[n] \phi(2t - n) \tag{5.10}$$

式中，$h_1[n] = \langle \psi(t), \phi_{-1,n}(t) \rangle$、$h_0[n] = \langle \phi(t), \phi_{-1,n}(t) \rangle$ 分别为高通滤波器和低通滤波器的冲击响应系数。如果尺度函数和小波函数是紧支撑的，$h_0[n]$ 和 $h_1[n]$ 则为有限冲击响应滤波器。在确定了尺度函数和小波函数后，函数 $f(t) \in L^2(R)$ 则可表示为 V_1 和 W_1 正交投影的和：

$$f(t) = \sum_{n \in Z} c_{1n} \phi_{1n}(t) + \sum_{n \in Z} d_{1n} \psi_{1n}(t) = \sum_{n \in Z} c_{0n} \phi_{0n}(t) \tag{5.11}$$

式中

$$c_{1n} = \sum_{n \in Z} h_0[k - 2n] c_{0k} \tag{5.12}$$

$$d_{1n} = \sum_{n \in Z} h_1[k - 2n] c_{0k} \tag{5.13}$$

其中，c_{1n} 和 d_{1n} 为 $m = 1$ 尺度上的展开系数。进一步分解下去，可分解到任意尺度空间 V_m，此即为正交小波变换的 Mallat 塔式算法[142]。

式(5.12)和式(5.13)所描述的是由 V_0 到 V_1、W_1 的系数分解过程，如果将 c_{0k} 看做一离散序列，这一分解过程可以看做对输入离散序列进行双通道滤波的过程，h_0 具有低通性质，而 h_1 具有高通性质。它们的滤波输出 c_{1n} 和 d_{1n} 分别对应信号的低频概貌和高频细节，称为对信号分解的第一层低频部分和高频部分。对 c_{1n} 继续做类似的分解可得到第二层低频部分和高频部分 c_{2n} 和 d_{2n}，而滤波器系数 h_0 和 h_1 不变，以此类推可以分解到任意层。由式(5.12) 对序列 c_{in} 的迭代分解称为离散序列小波分解。

3. 采场顶煤厚度实测信号分析

1) 小波基的选择[143,144]

在傅里叶变换中，基函数是唯一的，而在小波变换中小波基不具有唯一

性，因此根据实测信号的时频特点选择合适的小波基是能否成功地识别煤岩界面反射波的关键。小波基一旦选定，则在整个分析过程中就无法改变了，也就是说无法随着信号的变化而改变不同的小波基。一般情况下，只能根据实测信号的时频特点来确定小波基。在小波基选择时，主要考虑以下三个条件：①$\psi(t)$有紧支集；②$\psi(t)$连续可微；③$\psi(t)$具有 N 阶消失矩。

首先，紧支小波基是一个重要的因素，由其时频特征可知，当紧支基的长度增加时，如果将 $\psi(\omega)$ 看做带通滤波器，则它的通频带宽减小，分辨能力提高，所以可以通过改变支撑基的大小来调整通带的宽度。但是紧支撑的区间过大，会增加小波变换的计算量，在对信号进行分析时应进行合理的选择。其次，小波基的消失矩应具有足够的阶数，消失矩的阶数与 Lipschitz 指数密切相关，为了有效地突出信号的各种奇异特性，必须要有一定的阶次，但是消失矩的阶数也不能过高，过高的消失矩会使分析的结果变得模糊不清，同时也增加了计算量。最后是小波基的正则性，它反映了连续可微的要求，一般来说，只要消失矩较高就能满足正则性的要求。由以上的分析可以看出，为了有效地分析实测信号，在选择小波基时主要满足两个要求：一是紧支撑；二是要有足够高的消失矩。能够满足上述要求的小波系主要有 Db 小波系、Symlet 小波系和 Coif 小波系。

2）实测信号分析

现场煤厚探测时得到的振动记录波形是比较复杂的，包括直达纵波和横波、面波及其他低频干扰波。由于采用小偏移距声波反射法，加之煤层残余厚度较大（4～6m），通常反射波信号叠加在面波和后续低频干扰波上。即在原来按一定频率连续变化的振动信号中突然叠加上了具有一定强度、频率不同的反射波信号，由此必将使反射波到达之后的信号在时频特性上有所变化，而且在反射波初至时刻将产生第一种类型的间断点。即使反射波频率与后续波频率一致或接近，只要存在相位差，信号仍将具有局部突变特征。利用小波多尺度分解对信号局部特征分析的能力，可以方便地识别出信号的突变点位置。

图 5.15 为某矿综采工作面顶煤厚度实测信号小波分解图。根据实测信号的波形特征和小波基的选取原则，经过对比分析，采用 Db4 小波基对信号进行四层分解。由小波多分辨分析理论知，原始信号与各层分解结果有如下关系：

$$s(t)=a_4(t)+d_4(t)+d_3(t)+d_2(t)+d_1(t) \tag{5.14}$$

式中，$s(t)$ 为实测原始信号；$a_4(t)$ 为第四层分解的低频分量，它表征实测信号的低频概貌；$d_1(t)\sim d_4(t)$ 分别为第一层至第四层分解的高频分量，分别表征第一层至第四层的高频细节部分。

实测信号总是带限的，在小波分解中，若将信号中的最高频率成分看做1，则各层小波分解分别是带通或低通滤波器，各层所占的具体归一化频带如表5.2所示。由图5.15可以看出，第1测点和第2测点实测信号的特征相似，直达波信号能量强、频率高，后续波为一能量较强的低频波，来自煤层顶板界面的反射波就叠加在低频后续波上。由于反射信号微弱，从实测振动波形$s(t)$上很难识别反射波的到达时刻。$a_4(t)$实际上为低通滤波器输出的波形，已经把具有高频特征的突变信息滤掉了，只表示实测记录的低频概貌。

表5.2　各层低频分量和高频分量归一化频带表

低频分量	归一化频带	高频分量	归一化频带
$a_1(t)$	0～0.5	$d_1(t)$	0.5～1
$a_2(t)$	0～0.25	$d_2(t)$	0.25～0.5
$a_3(t)$	0～0.125	$d_3(t)$	0.125～0.25
$a_4(t)$	0～0.0625	$d_4(t)$	0.0625～0.125

图5.15(a)第1测点的$d_4 \sim d_1$高频分量的能量主要集中在4.5ms以前，反映了直达纵波和横波的振动信息。d_4分量在5ms后可以大体看到反射波的信息，但因频率低，分辨力较低。d_3分量在4.5～6.5ms可以看到两个较为明显的振动包络，分别显示了两个反射波信息。根据已知煤层地质结构分析，第一个振动包络为煤层夹矸产生的反射波，第二个振动包络为煤层顶板产生的反射波。由此知反射波振动频率主要分布在d_3频段内。信号分解到d_3分量时对煤岩界面反射波已经达到了较高的分辨能力。d_2、d_1分量主要反映信号的高频成分和高频噪声，已反映不出反射波的整体信息，但对反射波的初至突变点有明显的反应，由此可以更加准确地确定反射波的初至时刻。通过对小波多尺度分解各分量的综合分析，可以确定煤层夹矸界面的反射波初至为4.7ms，煤层顶板界面的反射波初至为5.7ms。

对第2测点的实测信号采用同样的分析方法可知该测点处煤层夹矸界面和煤层顶板界面的反射波初至分别为4.8ms和5.5ms。

根据事先标定的煤层速度(2000m/s)，第1测点和第2测点的顶煤残余厚度分别为5.7m和5.5m；煤层夹矸至观测点分别为4.7m和4.8m。在第1测点和第2测点附近采用钻探法得到的顶煤残余厚度分别为5.82m和5.65m，测量结果与实际钻探结果非常接近，其测量相对误差小于3%。

大功率声波探测系统作为采场顶煤厚度探测的一项关键技术，对于成功提取煤岩界面反射波信号起着关键的作用。借助于小波多分辨分析可以大大改善煤岩界面弱反射波的识别能力，提高煤厚探测的精度，从而为采场顶煤厚度探测这一难题的解决奠定了坚实的物质基础和理论基础。

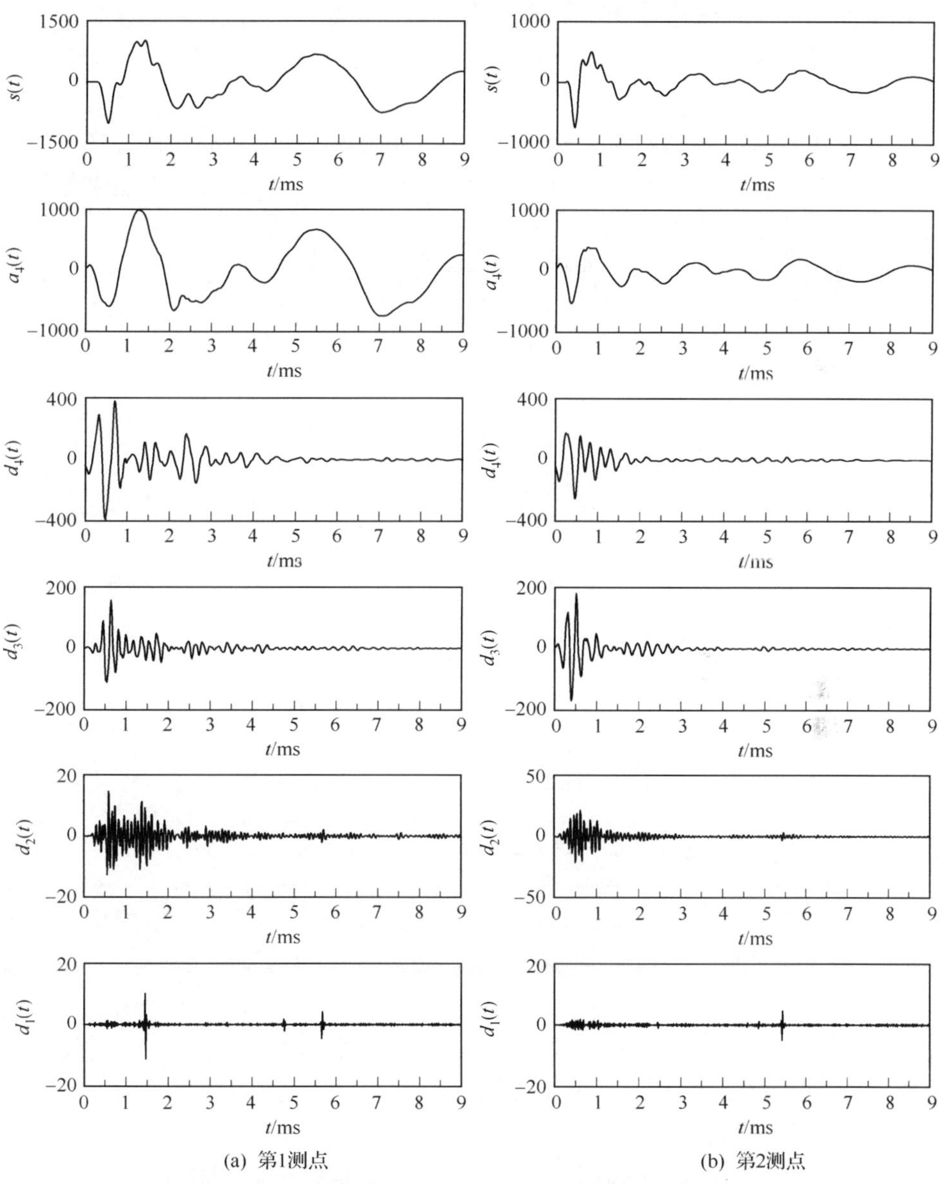

(a) 第1测点　(b) 第2测点

图 5.15　实测顶煤厚度探测信号小波分解图

5.3.2 大跨度混凝土结构声波穿透试验

2003年作者与长江水利委员会工程勘查研究院合作参加了“三峡工程永久船闸闸室底板输水廊道周边混凝土质量无损检测”项目的部分检测工作，利用大功率超磁声波检测技术对分支廊道之间的混凝土体进行了无损检测。

1）混凝土体结构

三峡工程永久船闸闸室底板输水廊道周边混凝土体结构如图5.16所示。利用分支廊道作为检测空间布设测量系统，对两个分支廊道之间的混凝土体进行声波穿透层析成像检测。

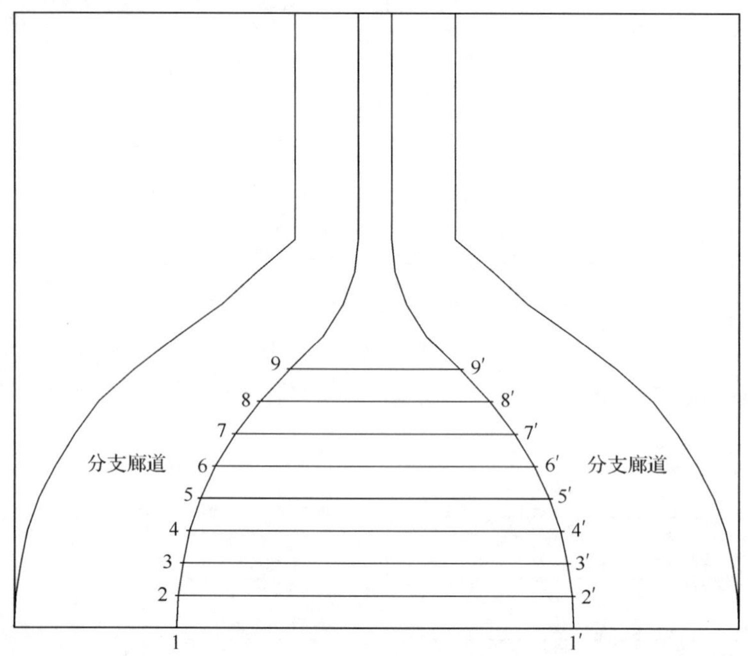

图5.16 永久船闸闸室输水廊道周边混凝土体结构图

自入口往里，混凝土体跨度逐渐减小，1-1′剖面的跨度最大，为12m，每隔1m设计一观测剖面，共观测9个剖面（1-1′～9-9′），对每一剖面分别在分支廊道的顶和底设置发射点，接收点间距0.4m。

2）声波实测波形

1-1′剖面实测波形图如图5.17所示。由实测波形可清晰地分辨出P波（纵波）和S波（横波）。现场工业性试验研究结果表明，大功率超磁声波换能器发射的声波，具有穿透距离大、频率高、余震短、一致性好等特点，在穿透 12m 混凝土结构体之后，仍能获得高质量的信号波形，并且可清楚地分辨出 P 波和 S 波，由此可计算出混凝土体的动态弹性模量，进而对混凝土体的强度做出比较准确的评价。通过读取 P 波和 S 波走时可对所检测剖面进行速度层析成像，其成像结果将在第 6 章详细给出。

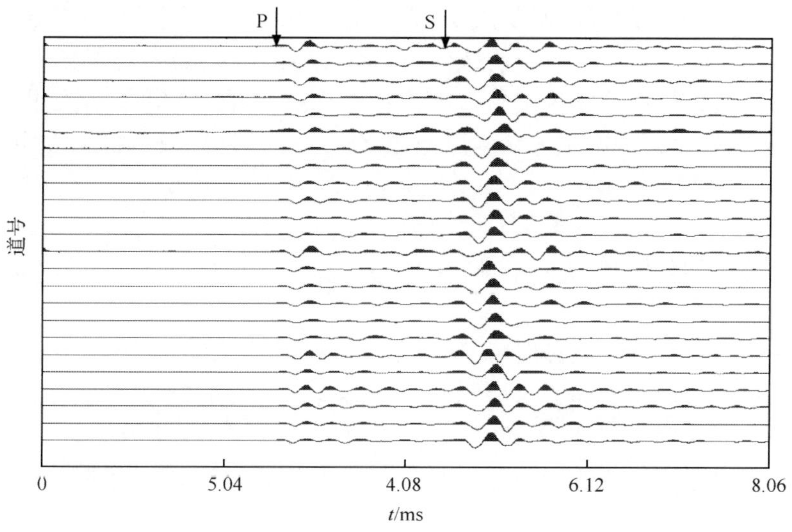

图 5.17　1-1′剖面实测波形

第6章　声波层析成像应用研究

大功率声波探测仪的研制成功，为声波探测技术提供了更加广阔的研究与应用范围；复杂结构声波层析成像技术可以适应复杂的工程探测要求，并能提供高分辨、高质量的成像资料。本章主要介绍应用大功率声波层析成像技术在煤层底板破坏深度和大跨度复杂边界混凝土结构物质量检测方面的试验研究成果。

6.1　煤层底板破坏深度声波层析成像探测试验研究

地下岩体在地应力长期作用下，处于平衡稳定状态。由于采矿工程开挖地下岩体，被挖走的岩体原来所承受的应力转移到周围岩体中去，造成应力重新分布，产生局部应力集中，使围岩发生变形、移动和破坏，直到达到新的平衡，这一整个过程称为矿山压力显现。矿压显现将对采矿工作造成以下几方面的危害。

(1) 围岩变形、移动、破坏，堵塞井巷峒室和采掘场地，影响施工作业。

(2) 采场上覆岩层移动，造成地面下沉，影响地面建筑物与工程地基的稳固和安全。

(3) 覆岩破坏裂隙波及含水层或地面水体，造成矿井涌水。

(4) 煤层底板及下伏岩层变形破坏，导致底板突水。

避免这些灾害的发生，对采矿工程围岩移动破坏状态探测具有非常重要的意义，其探测成果为确定巷道支护方式、矿井开采上限、防水煤柱的留设、工作面合理布置等提供了重要的设计依据。

6.1.1　采场底板岩层移动破坏规律[145]

随着采煤工作面的推进，采场底板任一断面都要经历采前超前支撑压力而压缩、采后悬顶减压而膨胀以及后期顶板冒落压实再受压的过程。

理论与实践表明：压缩—膨胀—再压缩的结果，以离层的形式导致层向裂隙产生；由于支撑煤体与采空区的增压和减压及岩体反向位移的剪切作用，沿采空区周边形成剪切破坏带(图6.1)。

经过多年的理论与实测研究，采场底板岩层也类似采动覆岩破坏存在三带：底板(导水)破坏带(第Ⅰ带)、完整岩层带(第Ⅱ带)、承压水导高带(第Ⅲ带)。各带的含义如下。

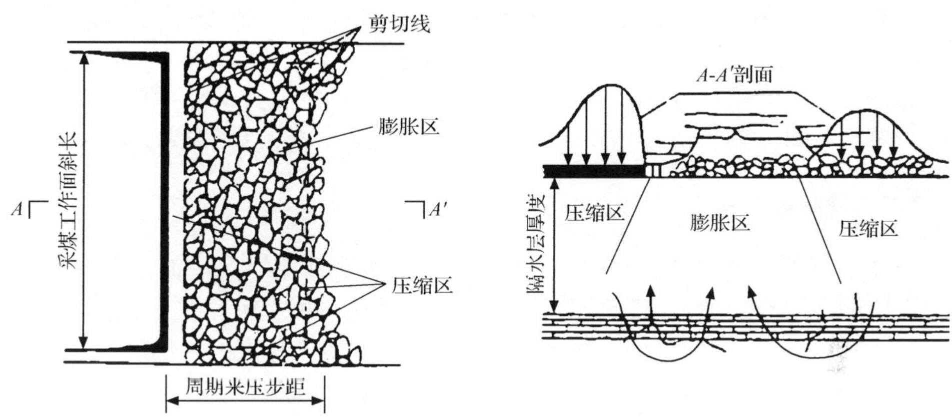

图6.1　采煤工作面底板受力分布及剪切带分布图

(1) 第Ⅰ带。底板导水破坏带是指由于采动矿压的作用，底板岩层连续性遭到破坏，导水性发生明显改变的层带，此带的厚度即为“底板(导水)破坏深度”。它的大小与回采工作面尺寸、开采方法、煤层厚度及倾角、开采深度、顶底板岩性及结构等因素有关。

(2) 第Ⅱ带。完整岩层带是指保持采前岩层连续性及具有阻抗水性能的那部分岩层。位于第Ⅰ、Ⅲ带之间，由于它是阻抗底板突水的最关键层带，又称为保护层带。

(3) 第Ⅲ带。承压水导高带是指含水层顶界面至承压水沿隔水底板岩层中的裂隙或断裂破碎带上升上限之间的岩层。不同矿区，因其底板岩层性质及地质构造不同，承压水导升高度不一，有的矿区也可能无原始导高带存在。

综上所述，无论是水体下采煤还是承压水上采煤，准确确定围岩破坏范围是至关重要的。然而，影响围岩破坏范围大小的因素是多方面的(岩层赋存条件、岩性及组合结构、开采因素等)，通过理论计算方法、经验公式以及模型试验获得的结果往往与实际相差很大。目前，确定围岩破坏范围最准确最有效的方法就是现场实测。

承压水上采煤的关键问题之一是确定采动引起的底板破坏深度。常规的探测方法有钻孔分段注水漏失量观测法、单孔及双孔声波法等。由于煤层采动引起底板岩层变形破坏是一个动态过程，即裂隙网络是随着采矿活动的进行而发生动态变化的，所以单一钻孔的探测效果只反映钻孔孔壁局部范围的裂隙发育状况，很难准确地探测底板破坏深度。

声波层析成像是利用不同介质中声波传播速度的差异，通过孔间声波走时的数据采集和计算机数学处理（迭代反演）重建介质速度（慢度的倒数）的二维图像，从而推断孔间介质的岩性和精细的结构变化。由于采动引起的底板破坏造成岩体的结构变化，声波速度场响应特征不同，通过选择采矿活动的不同阶段进行声波层析成像动态探测，可准确地确定底板的破坏程度及深度。

6.1.2 底板破坏的波场响应

在采煤工作面推进过程中，采面底板任一断面都要经历采前超前支撑压力而压缩、采后悬顶减压而膨胀（底臌），以及后期顶板冒落再受压的过程，在这一过程中，底板岩体受力状态的改变，必然引起其结构状态的变化。

一般说来，不同岩性岩体的声波速度不同，即使是同一岩性岩体，由于其结构状态的变化，波场响应也会发生变化。假定采面底板岩层在开采前处于正常应力条件下的波速为正常场，随着采面的推进，当该底板岩体处于超前支撑压力区时，由于应力的增大，岩体的孔隙度减小，声速增加；当该底板岩体处于采后减压膨胀区时，由于应力释放，结构面增多，而且部分岩体出现裂隙，声速降低，岩体破坏程度越大，声速降低越大，甚至出现严重衰减而传播距离很短；当该底板岩体处于后期顶板冒落再受压时，扩张的裂隙结构面又被重新部分压实，此时，声波速度应该有所增大，但由于其已遭受破坏，声速肯定比正常场低。因此。随着底板岩体应力的正常—增大—减小—增大的变化，其声速场做出相应的变化，据此，可以准确地判断底板岩体的破坏程度和深度。特别是声波层析成像探测，无论是对沿层理方向裂隙还是对垂直层理之间裂隙反映都比较明显，因此探测效果更佳。

6.1.3 底板破坏的声波探测试验研究

山东省保安煤矿西翼采区 3 煤层底板距奥灰强承压含水层最近距离为 17m，煤层开采受承压水严重威胁，因此，本节结合该矿西翼采区 3501 试采面开展了底板破坏深度声波探测试验研究，并与其他探测方法进行比较，取得了可靠的实际资料，为确保安全开采提供了可靠的技术保障。

1. 3501 试采工作面地质条件

3501 工作面位于井田西冀东部，走向长度 480m，倾斜长度 110m，煤层厚度 5.5m，煤层倾角 8°～18°。煤层层位稳定，结构简单，面内共揭露落差小于 2.5m 断层 5 条。煤层直接顶板为灰色层状砂岩，老顶为长石、石英砂岩；煤层底板为灰色层状砂岩，局部为黏土岩。工作面水文地质条件由简单到复杂，煤层底板距奥灰顶界面 70～90m，且存在断层破碎带，工作面中部上倾方向约 100m 处钻孔揭露煤层底板距奥灰顶仅 20m。

2. 观测方案

选择工作面中部作为观测区，观测巷及观测孔布置如图 6.2 所示，观测钻孔 1＃和 2＃孔长 36m，终孔点位于煤层下倾方向的采面下方，距煤层底板的最大垂距为 22m，与下顺槽水平距离约为采面斜长的 1/3，两孔形成的截平面与煤层底板平面斜交，交角为 28°，底板破坏最大控制深度约 20m。根据底板岩体破坏的一般规律，钻孔 1＃和 2＃孔所形成的截面中岩体变形破坏完全反映底板岩层受矿压作用后结构状态的变化。

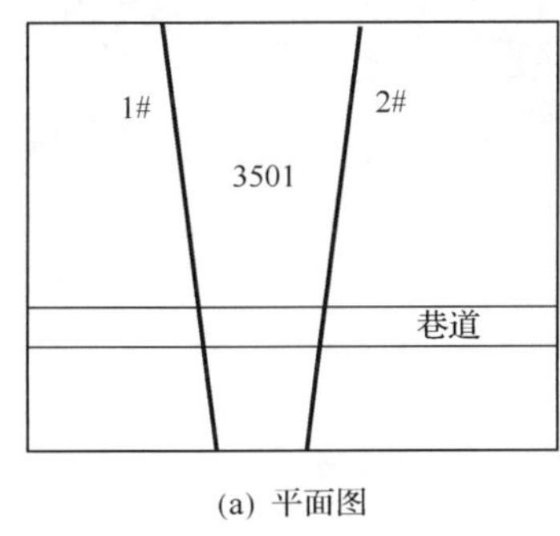

(a) 平面图

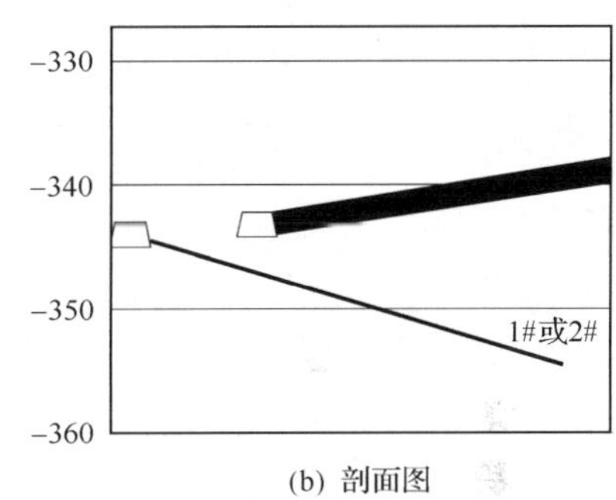

(b) 剖面图

图 6.2　观测孔布置图

实测选取发射点间距 4m，接收点间距 1m，最大穿透距离 17m，模型三角剖分、射线追踪及观测系统如图 6.3 所示。初始模型速度由单孔声波测井结果确定。实际观测分为采前（未受采动影响原始状态期）、采中（采面在观测孔附近，底板处于应力剧烈活动期）和采后（顶板冒落压实稳定后的时期）三个阶段。这三个阶段具有代表性，所测结果能反映底板破坏的动态过程及最大破坏深度。

3. 测试成果分析

按采矿活动的不同阶段在 1＃孔和 2＃孔间分别进行了四次声波透射动态探测，速度成像结果不仅较好地反映了断面的岩性变化，而且全面地反映了

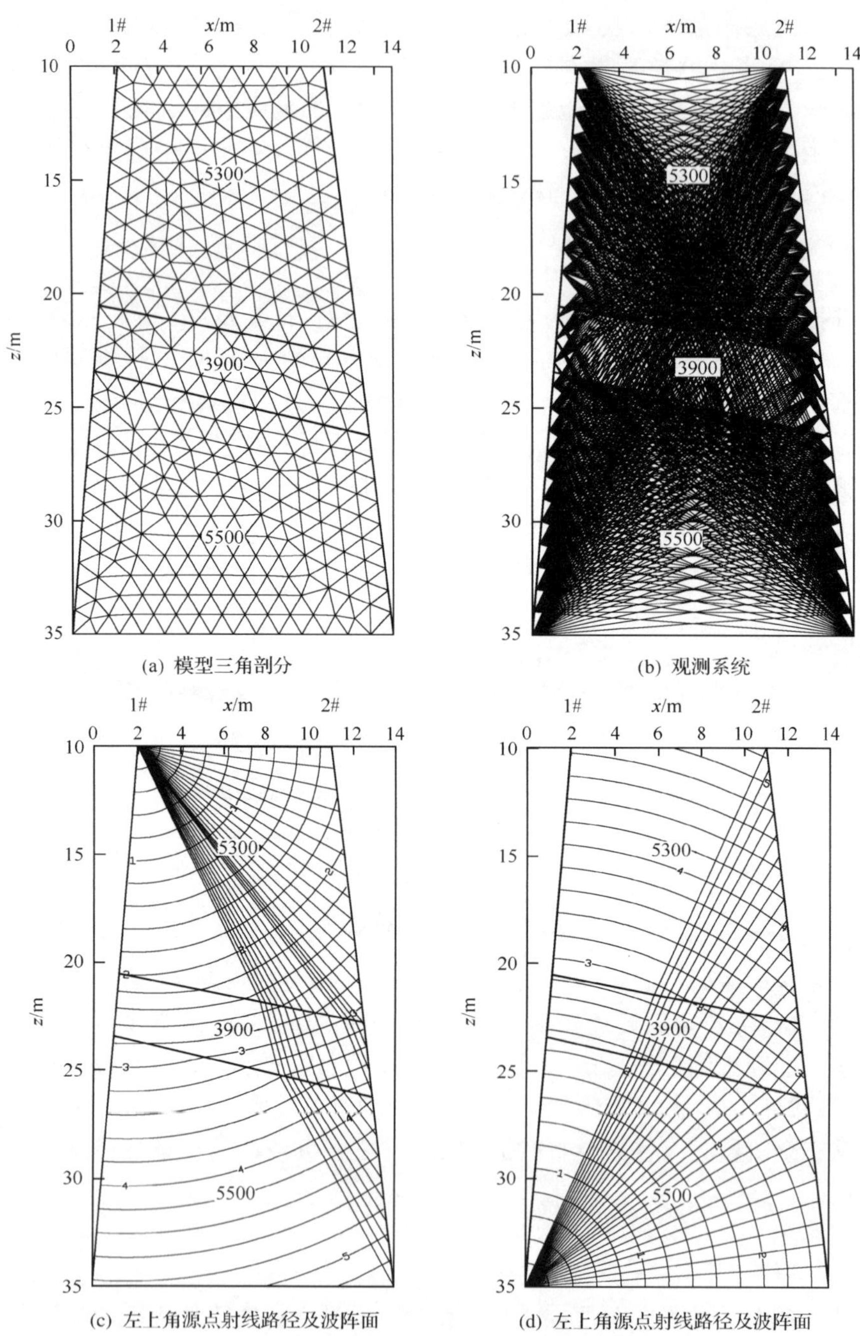

图 6.3　声波层析成像模型剖分及观测系统

底板岩体的应力变化和破坏程度及破坏深度。图 6.4 为 1＃孔和 2＃孔间断面不同阶段速度层析成像成果图。

图 6.4(a)为采前观测成果，反映了底板岩层的岩性和原始结构状态。由

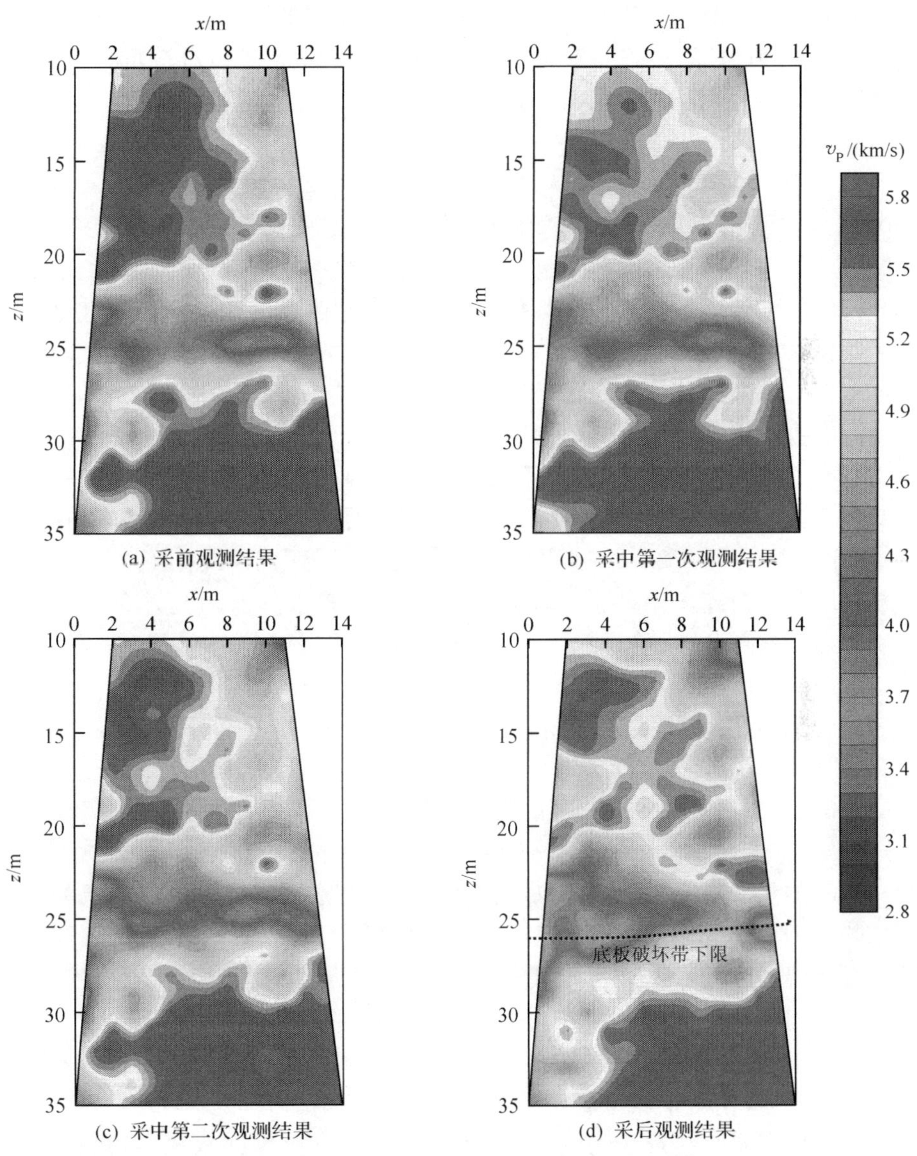

图 6.4　1＃孔和 2＃孔间断面不同阶段声波速度场分布(文后附彩图)

图可以看出探测区域沿孔深方向可划分为三个不同的速度层，代表了三个不同的岩性层。上层（孔深 10～22m）为砂岩地层，其中左侧 2～8m 声波速度一般大于 5000m/s，表明该段岩层结构较完整，原生裂隙不发育；而右侧 8～12m 声波速度比左侧低（小于 5000m/s），说明该段岩层结构完整性较差，原生裂隙较发育。中间层（孔深 22～26m）为泥岩地层，声波速度相对较低，一般低于 4500m/s；下层（孔深 26～35m）为粉砂岩地层，声波速度相对较高，一般大于 5200m/s。

图 6.4(b)为采中观测成果，此时掌子面推过 1＃孔 2.5m，距 2＃孔还有 4m，底板剪切应力线穿过 1＃、2＃孔间的岩体，使靠近 1＃孔一侧承受剪切应力的拉应力，而 2＃孔一侧承受压应力。与图 6.4(a)的采前结果相比，孔深 10～22m 的砂岩地层在靠近 1＃孔一侧的一大片区域的声波速度产生了明显的降低，最大降低幅度为 600m/s，表明这一范围的地层受采动影响遭受破坏，产生了新生裂隙；2＃孔附近的岩层声波速度则有所升高，表明这一范围的地层受压应力作用，原生裂隙有所闭合。孔深 22m 以下地层的声波速度与采前相比无明显的变化，表明此时深部还未遭受明显的破坏。

图 6.4(c)也为采中观测成果，此时掌子面刚好位于 2＃孔上方，与图 6.4(b)相比，孔深 10～22m 的砂岩地层的声波速度变化不大；孔深 22～26m 的泥岩地层的声波速度则产生了较为明显的降低，最大降低幅度为 500m/s。由此说明，随着时间的推移，岩层破坏逐渐向深部扩展；孔深 22～35m 的粉砂岩地层的声波速度变化不大。

随着采面的继续推进，顶板岩层冒落，底板岩层经历采后再压缩过程，图 6.4(d)为采后底板岩层基本稳定后的速度场分布（此时掌子面推过 1＃孔已达 32m），它表征了底板岩层最终的裂隙发育状态。与图 6.4(b)和图 6.4(c)比较，孔深 10～22m 的砂岩地层的声波速度降低区又进一步扩展；孔深 22～28m 的泥岩地层的声波速度降低区范围明显增大，最大降低幅度达 900m/s，说明这一深度的底板岩层产生了比较明显的破坏；孔深 28～35m 的粉砂岩地层的声波速度变化不大。

若速度相对于采前正常场减小 20%，且相对稳定的区域作为划分开采后导水裂隙发育范围，可以划定 1＃孔和 2＃孔 28m 以浅位置为底板破坏导水裂隙发育范围，相对于煤层底板垂直深度为 11.2m。

在进行声波跨孔观测的同时，利用单孔声波和分段注水测量进行了动态过程测试，基底板最大破坏深度分别为 9.6m 和 6.0m，都小于跨孔探测结果。这主要是因为单孔声波所测声速是孔壁滑行波速度，且只能反映两接收换能器距离(相距 0.2m)范围内的岩层声波速度,不能反映孔壁外围大范围岩体的速度变化;而分段注水测量只能测定钻孔孔壁与外部连通的裂隙发育情况,对于与外部不连通的裂隙,漏失量为零,则会判断为完整岩体段,所以这两种方法测量结果偏小,有时不能真实反映底板空间岩体破坏的实际状况。

由此可见,大功率声波探测仪器实现了大跨度声波测量,与声波层析成像信息处理技术相结合,具有其他方法无法比拟的优势,实现了大范围面积测量,探测结果真实可靠。

6.2　大跨度混凝土结构体声波层析成像试验研究

5.3.2 节已经给出了在三峡大坝永久船闸大跨度混凝土结构声波穿透的试验结果,从图 5.17 的实测波形中,能够准确地拾取纵波(P 波)初至走时和横波(S 波)初至走时。P 波和 S 波的层析成像结果如图 6.5 和图 6.6 所示。

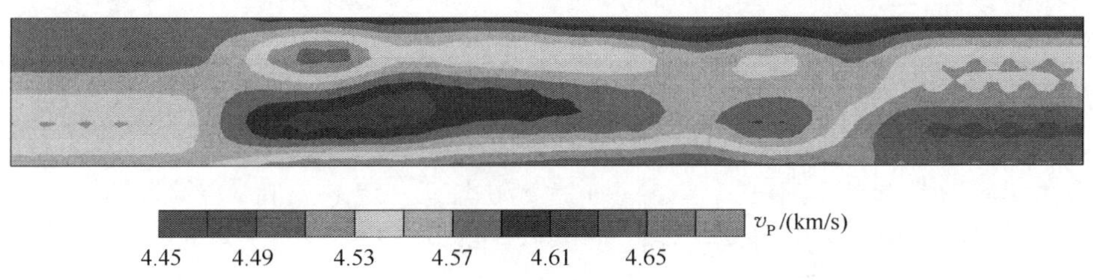

图 6.5　纵波速度层析成像结果(文后附彩图)

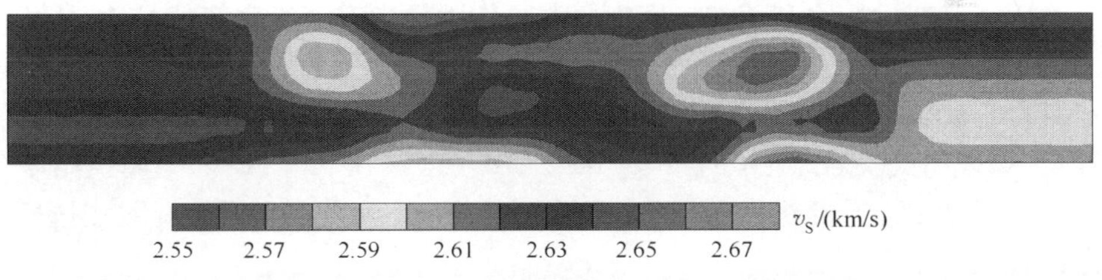

图 6.6　横波速度层析成像结果(文后附彩图)

由成像结果知,混凝土结构的纵波速度变化范围为 4450～4670m/s,横波速度变化范围为 2550～2680m/s,且两者速度分布特征具有很好的一致性,纵横波速比变化很小,一般为 1.74,非常接近于材料泊松比等于 0.25 时的纵横波速比等于 1.73 的理论比值。整个结构没有明显的低速异常区,表明混凝土结构的浇筑质量高,无明显的内部缺陷。

另一方面，有了纵横波速度可以计算出材料的动态弹性模量，即

$$E_{\mathrm{d}} = \frac{\rho v_{\mathrm{S}}^2(3v_{\mathrm{P}}^2 - 4v_{\mathrm{S}}^2)}{v_{\mathrm{P}}^2 - v_{\mathrm{S}}^2} \tag{6.1}$$

式中，ρ 为材料密度，混凝土正常配合比情况下的密度为 2.25kg/m^3，将实测纵横波速度代入式(6.1)，求出所检测的混凝土结构体的动态弹性模量 E_{d}＝36.7～40.5MPa，结合室内试块测试的相关数据可对结构体的强度进行评估。

6.3 升船机混凝土声波层析成像试验研究

6.3.1 升船机齿条基座声波 CT 试验

图 6.6 左图为某工程升船机筒体齿条基座中一部分的平面图，图中有四个直径约 15cm 的空洞，为验证声波 CT 检测混凝土缺陷的效果，在升船机筒体齿条基座选取一水平切面进行声波 CT 检测，现场采用武汉岩海公司生产的 RS-ST01C 声波仪、15 kHz 的平面换能器，在 *ABCD* 边发射、*EF* 边接收，点距 10cm，采用定点全扫描观测系统。图 6.7 下图为声波 CT 重建的混凝土 v_{P} 图像，从图可以看出，采用 10cm 点距、15 kHz 的平面换能器的声波 CT 图像可以较好地显现其中三个空洞，另一空洞也有一定的反映。当然，如果采用 40kHz 或 100kHz 的平面换能器、5cm 测点间距，声波 CT 效果可能会更好。

6.3.2 升船机齿条模型声波 CT 试验

垂直升船机在水利枢纽工程中的主要作用是为客货轮和特种船舶提供快速过坝通道，为验证某工程升船机混凝土施工工艺，相关部门进行了升船机齿条混凝土浇筑试验，在浇筑完成 4 天后，对齿条模型混凝土质量进行超声波检测，现场采用武汉岩海公司生产的 RS-ST01C 声波仪、40kHz 的平面换能器。图 6.8 为某工程升船机齿条试验模型照片，图 6.9 为模型顶面俯视图，图中每条线代表一个垂切面。

利用各剖面的检测数据进行层析成像，如图 6.10(a)～图 6.10(d)所示。v_{P} 图像反映了混凝土的不均匀性及局部的相对低速区。

图 6.11 为对声波检测结果的验证钻孔，钻孔岩芯试验与声波 CT 成像的 v_{P} 对应情况如表 6.1 所示。表 6.1 表明声波 CT 的波速 v_{P} 与混凝土岩芯的抗压强度有明显的对应关系。

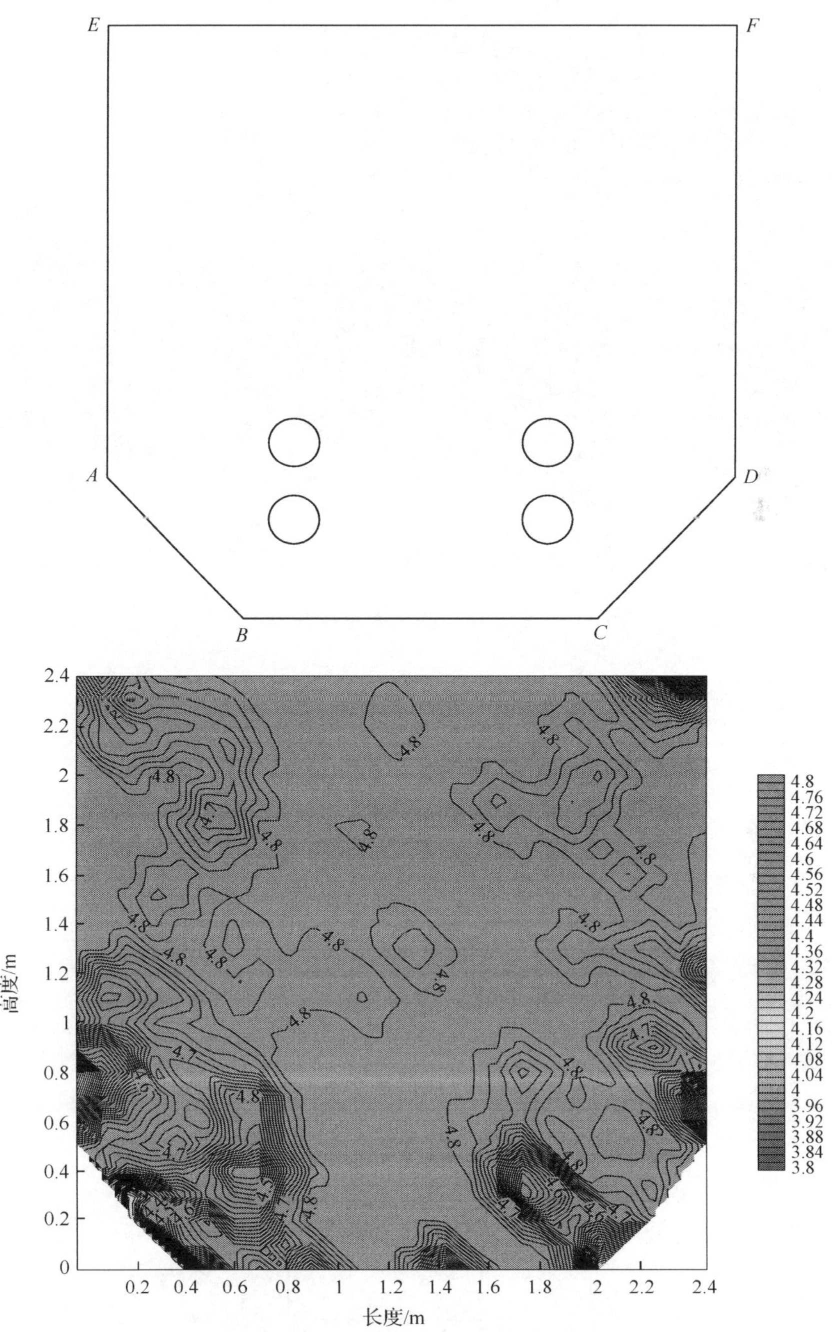

图 6.7　某工程升船机筒体齿条基座及其声波层析 v_P 图像

图 6.8　某工程升船机齿条试验模型照片

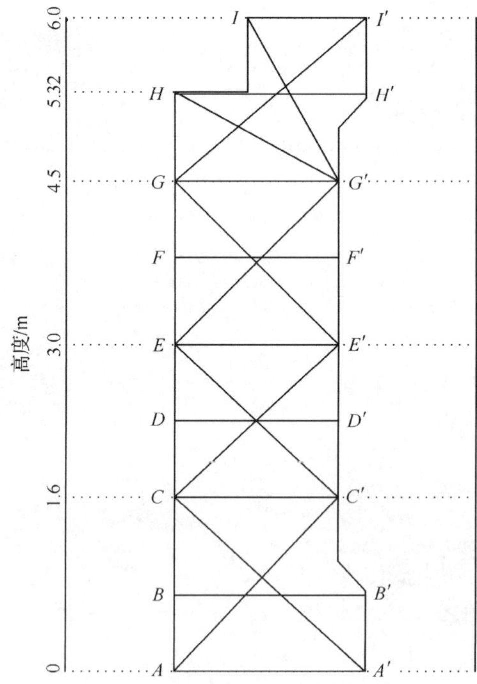

图 6.9　某工程升船机齿条 CT 切面顶面俯视图

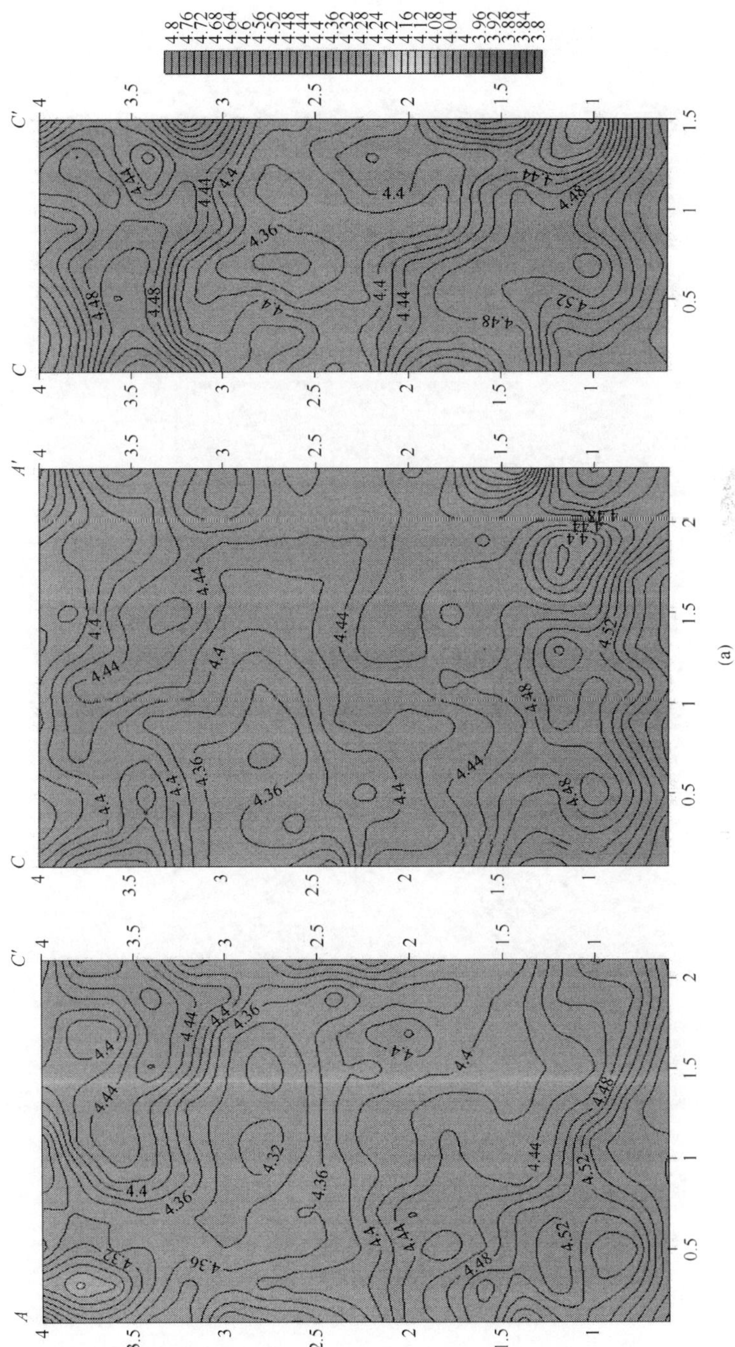

(a)

C
E'
E
C'
D
D'
E
E'
4.8
4.76
4.72
4.68
4.64
4.6
4.56
4.52
4.48
4.44
4.4
4.36
4.32
4.28
4.24
4.2
4.16
4.12
4.08
4.04
4
3.96
3.92
3.88
3.84
3.8

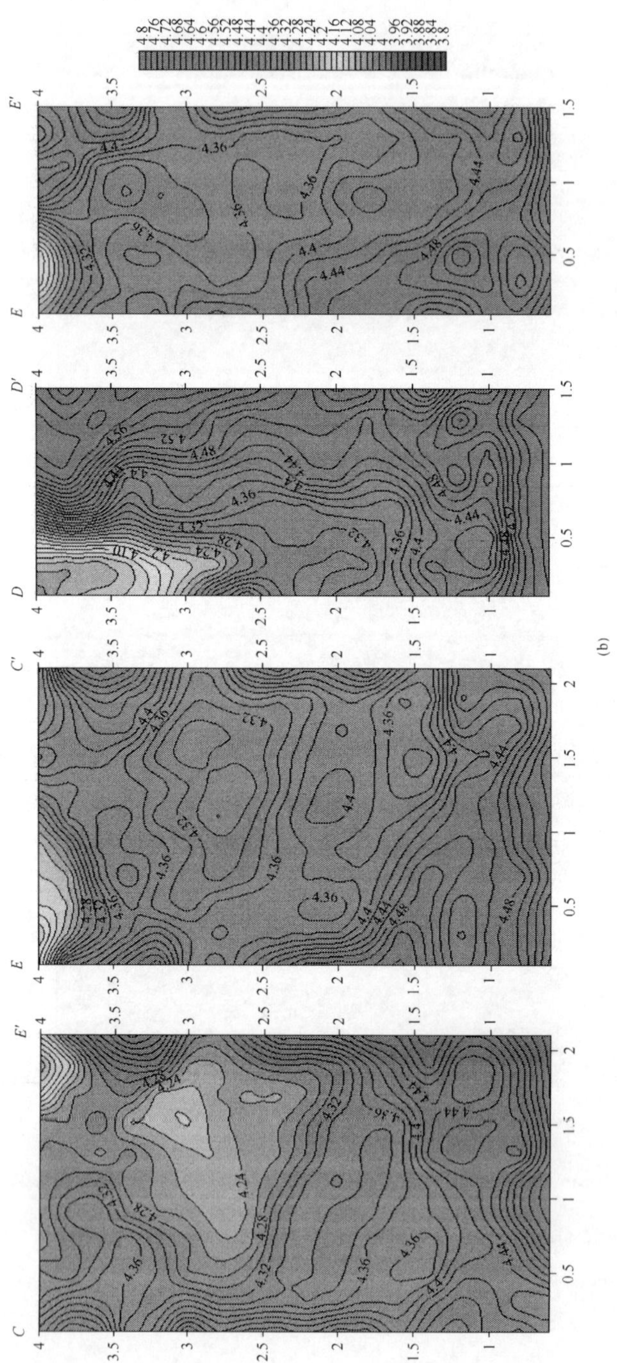

(b)

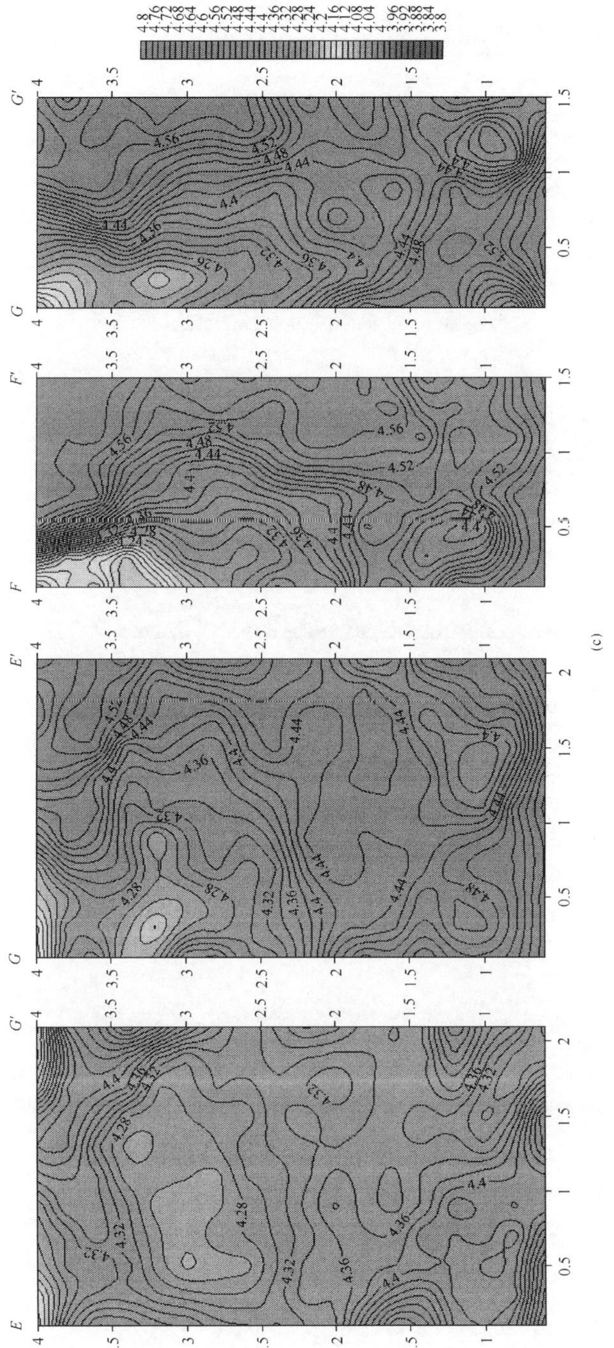

(c)

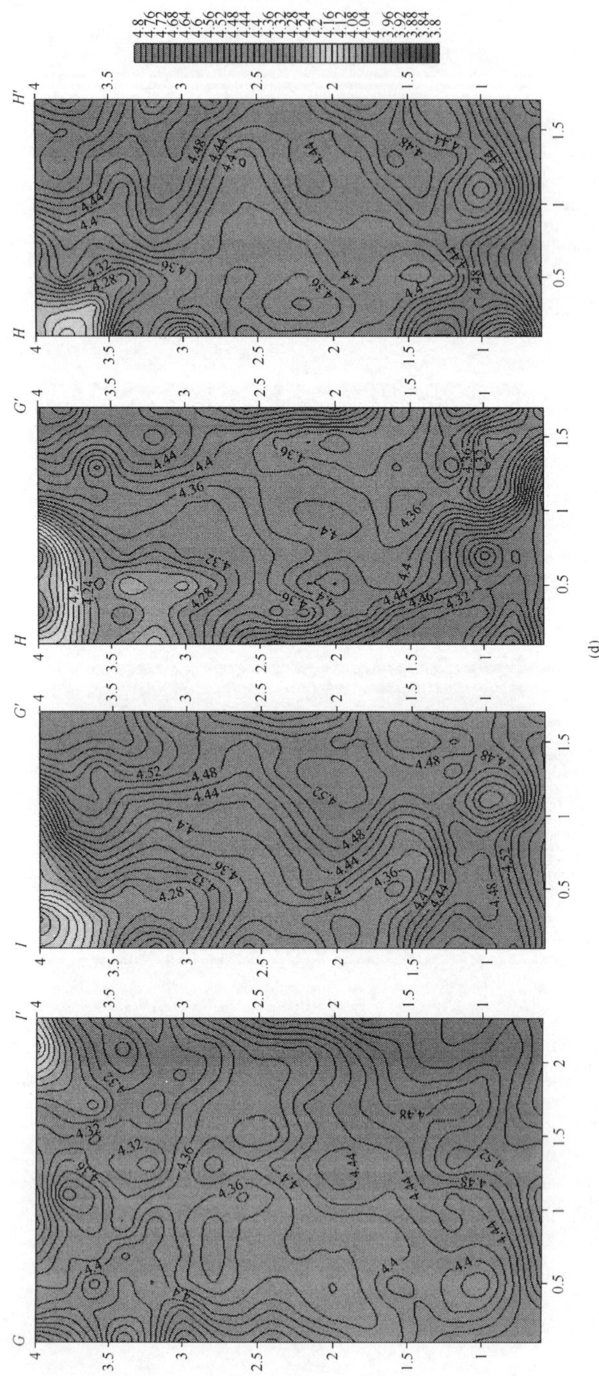

图 6.10　某工程升船机齿条模型试验混凝土超声波检测 v_P 成像剖面图(单位：m)(文后附彩图)

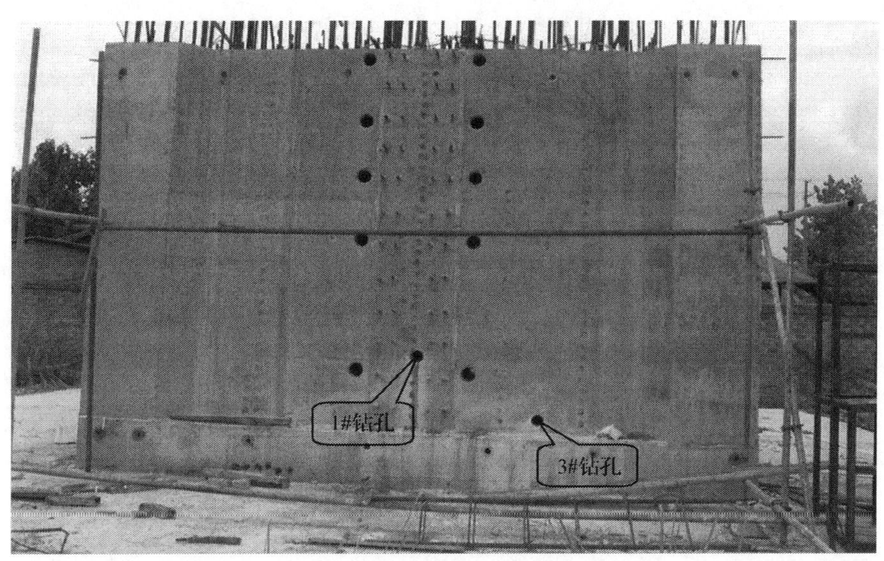

图 6.11(a)　下游面取芯钻孔孔位

图 6.11(b)　上游面取芯钻孔孔位

表 6.1 芯样描述、抗压强度及声波 CT 对比表

钻孔芯样	单块抗压强度/MPa	换算标准强度/MPa	芯样描述	声波 CT
1#孔	58.5	60.9	芯样呈灰色,整体胶结密实,表面光滑,局部有微小气泡,一般为 0.5～1mm,最大 3mm。骨料分布均匀,骨料粒径一般为 2～3cm。芯样总长 1.40m,芯样一般长度为 10～20cm,最长 42cm,断面整齐,一般断面出现在打断钢筋处 孔深 0.12m、0.31m、0.42m 处均钻断钢筋,在孔深 1.09m 处钻断一角钢,断面整齐	*E-E'* 断面上,钻孔穿过切面,声波 v_P 为 4450m/s 左右
2#孔	50.7	52.8	芯样呈灰色,整体胶结密实,表面光滑,局部有微小气泡,一般为 0.5～1mm,最大 3.3mm。骨料分布均匀,骨料粒径一般为 2～3cm,最大 5cm。芯样总长 70cm,芯样一般长度为 12～26cm,最长 32cm,断面整齐 孔深 0.06m 处打断两根钢筋,孔深 0.08m、0.12m、0.22m、0.24m、0.29m、0.33m、0.34m、0.43m、0.46m、0.47m 处均钻断钢筋,断面整齐	*D-D'* 断面上部,钻孔穿过切面,声波 v_P 在 4100～4250m/s
3#孔	46.0	51.1	芯样呈灰色,整体胶结密实,表面光滑,局部有微小气泡,一般为 0.5～1mm,最大 3mm。骨料分布均匀,骨料粒径一般为 2～3cm,最大 5cm。芯样总长 70cm,芯样一般长度为 12～26cm,最长 32cm,断面整齐 孔深 0.05m、0.09m、0.12m、0.41m、0.495m 处均钻断钢筋,断面整齐	穿过 *E-G'* 断面下部,钻孔穿过切面,声波 v_P 为 4300m/s 左右

注:3#孔孔径不标准,抗压检测仅对其长径比修正。

6.3.3 多切面联合反演 CT 成像

采用三维、多切面联合反演成像技术,对某工程垂直升船机混凝土声波穿透检测资料进行了全程处理。图 6.12 为齿条 51.6～57.0m 高程的 v_P 成像多切面三维展示图。

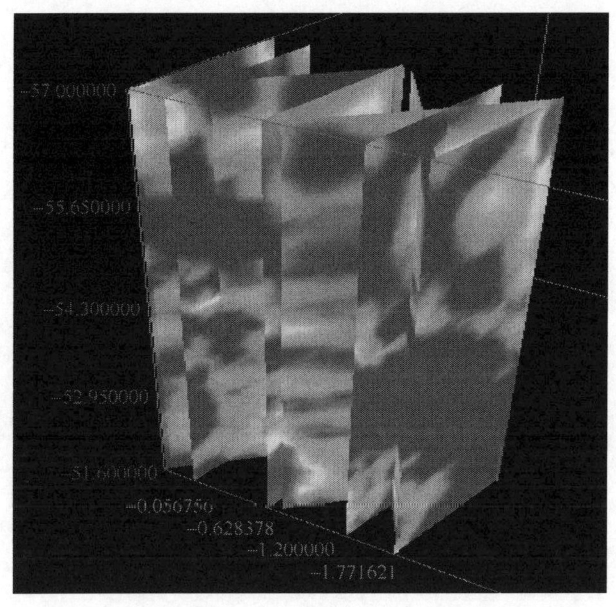

图 6.12 三维多切面联合反演成像 v_P 立体图(文后附彩图)

6.4 某工程渡槽混凝土声波层析成像试验研究

某工程渡槽槽身为相互独立的3槽预应力混凝土U型结构,单槽内空尺寸为7.23m×9.0m,设计流量为350m^3/s,最大流量为420m^3/s。本次试验选择1∶1仿真试验槽,如图6.13所示。

6.4.1 仿真试验槽槽体普查

1∶1仿真试验槽声波穿透检测切面布置示意图如图6.14所示,对检测资料进行整理,形成以下成果。

(1) 声波 v_P 统计。声波统计按部位统计,v_P 特征值及频态分布如表6.2～表6.5所示,频态分布图如图6.15～图6.19所示。

(2) 声波 v_P 成像。利用红线垂平行于渡槽轴向的切面的检测数据进行处理成像,图像特征如表6.6～表6.9所示。

(3) 三维成果图。利用Voxler软件将该普查切面三维显示成像,如图6.20所示。

图 6.13　1∶1 仿真试验槽图

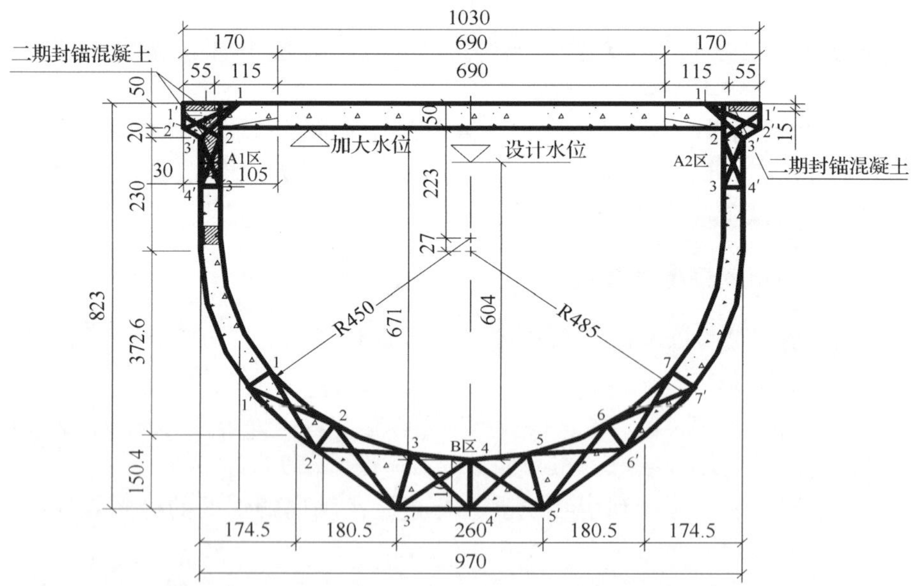

图 6.14　超声波穿透检测切面布置示意图(单位：mm)

表 6.2　A1 区渡槽混凝土声波 v_P 特征值及频态分布

剖面号	1-2′	1-3′	2-1′	2-4′	3-3′
最小值/(m/s)	4566	4477	4624	4535	4467
最大值/(m/s)	5037	5280	5354	5199	5344
平均值/(m/s)	4802	4765	4954	4862	4905
集中范围/(m/s)	4600～5000	4600～4900	4700～5100	4700～5100	4700～5100
标准差/(m/s)	88	99	119	128	127
v_P 区间/(m/s)	百分比/%				
小于 4500	0.00	0.21	0.00	0.00	0.11
4500～4600	0.21	3.08	0.00	2.23	0.53
4600～4700	13.38	19.75	1.59	8.17	4.03
4700～4800	35.67	44.90	9.13	20.91	15.82
4800～4900	36.20	25.37	20.49	31.21	31.10
4900～5000	13.38	3.50	32.38	23.04	25.58
5000～5100	1.17	2.55	26.01	11.46	15.82
>5100	0.00	0.64	10.40	2.97	7.01

剖面号	层析成像 v_P 图像特征	重点可疑部位与建议
1-2′	对应图 6.14 的 1-2′剖面，v_P 绝大部分均在 4500m/s 以上，本切面混凝土整体上均匀，桩号 12～18m 内侧(对应图像左，下同)、桩号 5～8.5m 外侧(对应图像右，下同)等局部波速有所降低	无
1-3′	对应图 6.14 的 1-3′剖面，v_P 绝大部分均在 4500m/s 以上，本切面混凝土整体上均匀，桩号 13.5～18m 内侧、桩号 2.5～10.0m 外侧等局部波速有所降低	无
2-1′	对应图 6.14 的 2-1′剖面，v_P 绝大部分均在 4500m/s 以上，本切面混凝土整体上均匀	无
2-4′	对应图 6.14 的 2-4′剖面，v_P 绝大部分均在 4500m/s 以上，本切面混凝土整体上均匀，桩号 27～29m 外侧、桩号 3.5～5.5m 外侧等局部波速有所降低	无
3-3′	对应图 6.14 的 3-3′剖面，v_P 绝大部分均在 4500m/s 以上，本切面混凝土整体上均匀，桩号 3.5～5.5m 外侧等局部波速有所降低	无

表 6.3　A2 区渡槽混凝土声波 v_P 特征值及频态分布

剖面号	1-2′	1-3′	2-1′	2-4′	3-3′
最小值/(m/s)	4422	4457	4192	4416	4566
最大值/(m/s)	5039	5005	5195	5126	5163
平均值/(m/s)	4745	4726	4756	4813	4862
集中范围/(m/s)	4600～4900	4600～4900	4600～5000	4600～5000	4700～5000
标准差/(m/s)	99	93	159	116	97
v_P 区间/(m/s)	百分比/%				
小于 4500	0.21	0.32	8.28	0.74	0.00
4500～4600	6.05	9.98	9.02	4.67	0.11
4600～4700	30.36	29.09	14.65	11.15	3.18
4700～4800	30.89	38.54	22.51	22.40	23.04
4800～4900	25.58	19.21	27.28	39.49	41.72
4900～5000	6.58	2.65	15.61	18.37	23.04
5000～5100	0.32	0.21	2.23	2.87	7.75
>5100	0.00	0.00	0.42	0.32	1.17

剖面号	v_P 图像特征	重点可疑部位与建议
1-2′	对应图 6.14 的 1-2′剖面，v_P 绝大部分均在 4500m/s 以上，本切面混凝土整体上均匀，桩号 5～9.0m 外侧局部波速有所降低	无
1-3′	对应图 6.14 的 1-3′剖面，v_P 绝大部分均在 4500m/s 以上，本切面混凝土整体上均匀，桩号 5～9.0m 外侧波速有所降低	无
2-1′	对应图 6.14 的 2-1′剖面，v_P 绝大部分均在 4500m/s 以上，本切面混凝土整体上均匀，桩号 4.5～9.5m 内侧波速有所降低	无
2-4′	对应图 6.14 的 2-4′剖面，v_P 绝大部分均在 4500m/s 以上，本切面混凝土整体上均匀，桩号 4.5～9.5m 内侧波速有所降低	无
3-3′	对应图 6.14 的 3-3′剖面，v_P 绝大部分均在 4500m/s 以上，本切面混凝土整体上均匀	无

表 6.4　B 区渡槽混凝土声波 v_p 特征值及频态分布

剖面号	1-2′	2-1′	2-2′	2-3′	3-2′	3-3′
最小值/(m/s)	4658	4448	4314	4391	4450	4521
最大值/(m/s)	5107	5466	5265	5162	5220	5092
平均值/(m/s)	4892	4939	4814	4930	4901	4848
集中范围/(m/s)	4700～5100	4700～5100	4700～5000	4800～5100	4700～5100	4700～5000
标准差/(m/s)	78	162	147	109	112	85
v_p 区间/(m/s)	百分比/%					
小于 4500	0.00	0.10	1.95	0.82	0.10	0.00
4500～4600	0.00	0.62	5.74	1.44	0.21	0.72
4600～4700	0.31	2.46	11.69	2.05	2.67	4.31
4700～4800	11.49	18.67	32.72	5.95	13.74	20.62
4800～4900	44.31	23.79	21.64	16.31	35.18	47.69
4900～5000	33.03	20.62	14.05	50.36	30.36	24.10
5000～5100	10.67	17.44	8.82	22.05	11.59	2.56
>5100	0.21	16.31	3.38	1.03	6.15	0.00

剖面号	v_p 图像特征	重点可疑部位与建议
1-2′	对应图 6.14 的 1-2′剖面，v_p 均在 4500m/s 以上，本切面混凝土整体上均匀	无
2-1′	对应图 6.14 的 2-1′剖面，v_p 绝大部分均在 4500m/s 以上，本切面混凝土整体上均匀，桩号 31m、9～13m 外侧等局部波速有所降低	无
2-2′	对应图 6.14 的 2-2′剖面，v_p 绝大部分均在 4500m/s 以上，本切面混凝土整体上均匀	无
2-3′	对应图 6.14 的 2-3′剖面，v_p 绝大部分均在 4500m/s 以上，本切面混凝土整体上均匀，桩号 11～16m 内侧、17～21m 外侧等局部波速有所降低	无
3-2′	对应 6.14 的 3-2′剖面，v_p 绝大部分均在 4500m/s 以上，本切面混凝土整体上均匀	无
3-3′	对应图 6.14 的 3-3′剖面，v_p 绝大部分均在 4500m/s 以上，本切面混凝土整体上均匀	无

续表

剖面号	3-4′	4-3′	4-4′	4-5′	5-4′	5-5′
最小值/(m/s)	4265	4129	3921	4114	4573	4496
最大值/(m/s)	5083	5086	5258	5161	5158	5241
平均值/(m/s)	4862	4805	4845	4772	4890	4883
集中范围/(m/s)	4700～5000	4700～5000	4700～5100	4600～5000	4700～5100	4700～5000
标准差/(m/s)	83	145	201	164	96	108
v_p 区间/(m/s)	百分比/%					
小于 4500	0.10	4.72	6.97	6.56	0.00	0.10
4500～4600	0.31	2.87	2.46	6.87	0.21	0.10
4600～4700	3.08	9.44	4.72	11.49	2.05	4.31
4700～4800	16.72	22.15	12.31	27.08	14.56	15.38
4800～4900	46.87	34.97	29.23	27.38	38.67	38.77
4900～5000	29.13	22.87	29.13	15.38	31.28	28.00
5000～5100	3.79	2.97	10.36	5.13	10.97	9.23
>5100	0.00	0.00	4.82	0.10	2.26	4.10

剖面号	v_p 图像特征	重点可疑部位与建议
3-4′	对应图 6.14 的 3-4′剖面，v_p 绝大部分均在 4500m/s 以上，本切面混凝土整体上均匀	无
4-3′	对应图 6.14 的 4-3′剖面，v_p 绝大部分均在 4500m/s 以上，本切面混凝土整体上均匀，桩号 0～4.5m 局部波速有所降低，27～31.5m 有一横“人”字形波速降低区	桩号 29.0～29.6m 靠内侧存在低速区
4-4′	对应图 6.14 的 4-4′剖面，v_p 绝大部分均在 4500m/s 以上，本切面混凝土整体上均匀，桩号 0～4.5m 局部波速有所降低，27～31.5m 有一横“人”字形波速降低区	桩号 29.0～29.6m 靠内侧存在低速区
4-5′	对应图 6.14 的 4-5′剖面，v_p 绝大部分均在 4500m/s 以上，本切面混凝土整体上均匀，桩号 0～4.5m 局部波速有所降低，27～31.5m 有一横“人”字形波速降低区	桩号 29.0～29.6m 靠内侧存在低速区
5-4′	对应图 6.14 的 5-4′剖面，v_p 绝大部分均在 4500m/s 以上，本切面混凝土整体上均匀	无
5-5′	对应图 6.14 的 5-5′剖面，v_p 绝大部分均在 4500m/s 以上，本切面混凝土整体上均匀	无

续表

剖面号	5-6′	6-5′	6-6′	6-7′	7-6′
最小值/(m/s)	4579	4731	4196	4688	4736
最大值/(m/s)	5212	5188	5478	5128	5224
平均值/(m/s)	4893	4955	4858	4890	4961
集中范围/(m/s)	4700～5100	4800～5100	4700～5100	4700～5100	4800～5100
标准差/(m/s)	105	70	135	80	79
v_p 区间/(m/s)	百分比/%				
小于 4500	0.00	0.00	0.82	0.00	0.00
4500～4600	0.21	0.00	1.95	0.00	0.00
4600～4700	2.15	0.00	9.23	0.31	0.00
4700～4800	16.62	1.95	19.90	12.31	1.03
4800～4900	35.69	18.77	31.79	44.21	20.72
4900～5000	27.49	53.13	22.15	33.23	50.05
5000～5100	15.18	24.62	11.69	9.13	22.56
＞5100	2.67	1.54	2.46	0.82	5.64

剖面号	v_P 图像特征	重点可疑部位与建议
5-6′	对应图 6.14 的 5-6′剖面，v_P 绝大部分均在 4500m/s 以上，本切面混凝土整体上均匀，桩号 6.0m、8.0m 外侧等局部波速有所降低	无
6-5′	对应图 6.14 的 6-5′剖面，v_P 绝大部分均在 4500m/s 以上，本切面混凝土整体上均匀	无
6-6′	对应图 6.14 的 6-6′剖面，v_P 绝大部分均在 4500m/s 以上，本切面混凝土整体上均匀	无
6-7′	对应图 6.14 的 6-7′剖面，v_P 绝大部分均在 4500m/s 以上，本切面混凝土整体上均匀	无
7-6′	对应图 6.14 的 7-6′剖面，v_P 绝大部分均在 4500m/s 以上，本切面混凝土整体上均匀	无

表 6.5　渡槽 A1、A2、B 区汇总混凝土声波 v_P 特征值及频态分布

剖面号	A1 区汇总	A2 区汇总	B 区汇总	A1、A2、B 区全部汇总
最小值/(m/s)	4467	4192	3921	3921
最大值/(m/s)	5354	5195	5478	5478
平均值/(m/s)	4857	4780	4879	4857
集中范围/(m/s)	4700～5000	4700～5000	4700～5000	4700～5000
标准差/(m/s)	132	126	78	95
v_p 区间(m/s)	百分比/%			
小于 4500	0.06	1.91	1.32	1.20
4500～4600	1.21	5.99	1.40	2.20
4600～4700	9.47	17.79	4.17	7.60
4700～4800	25.35	27.47	15.53	19.47
4800～4900	28.81	30.59	32.73	31.63
4900～5000	19.62	13.21	30.23	25.22
5000～5100	11.27	2.65	11.64	9.94
＞5100	4.20	0.38	2.99	2.74

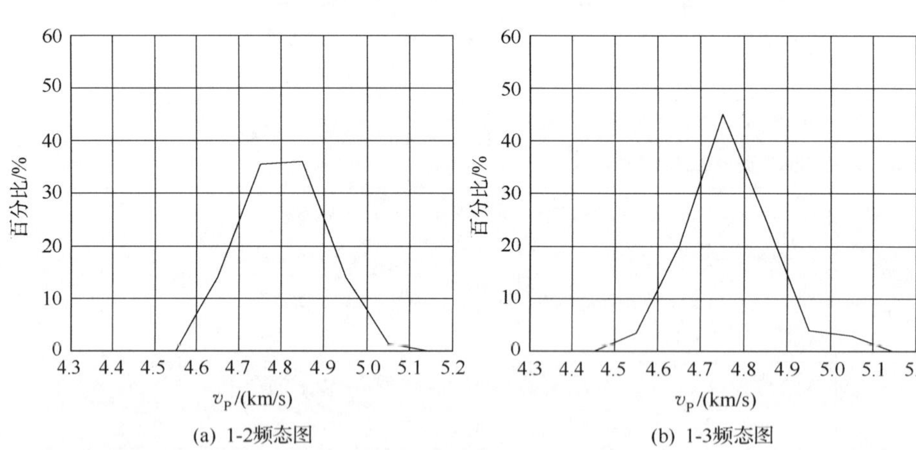

(a) 1-2频态图　　(b) 1-3频态图

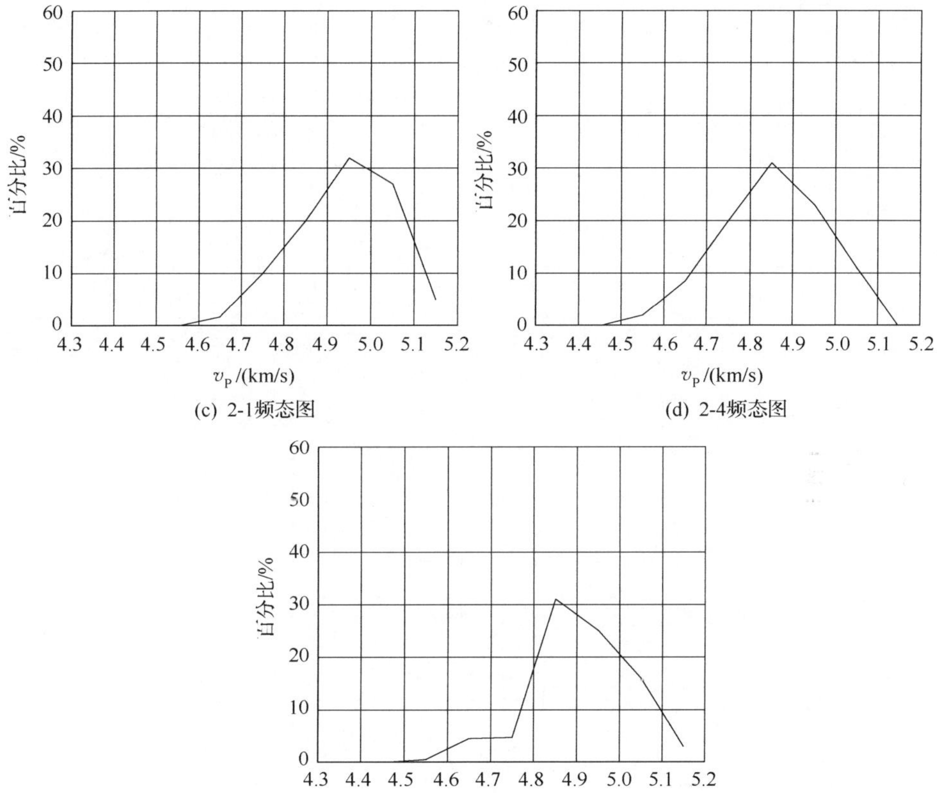

(c) 2-1频态图

(d) 2-4频态图

(e) 3-3频态图

图 6.15　渡槽 A1 区混凝土声波穿透同步观测 v_P 频态分布图

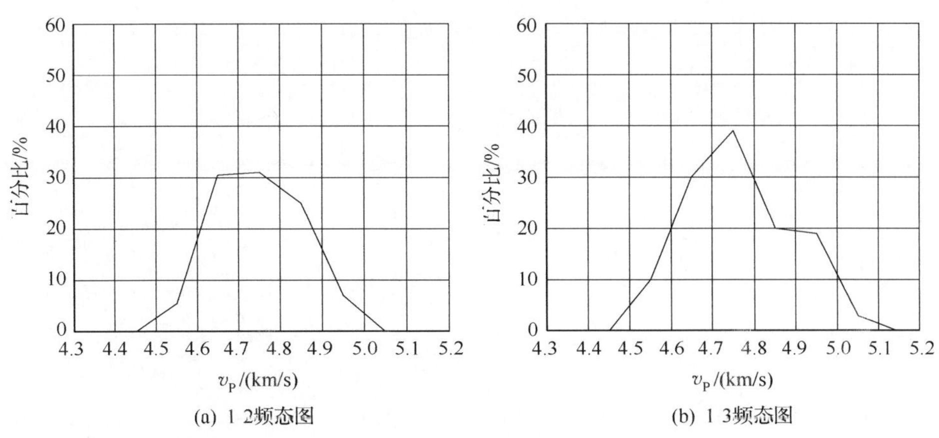

(a) 1 2频态图

(b) 1 3频态图

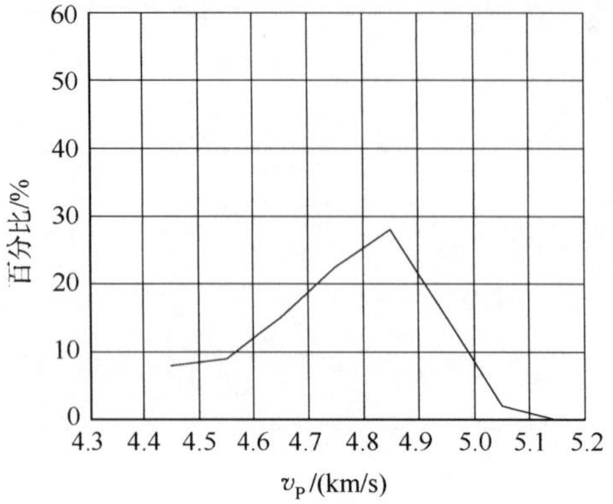

(c) 2-1频态图

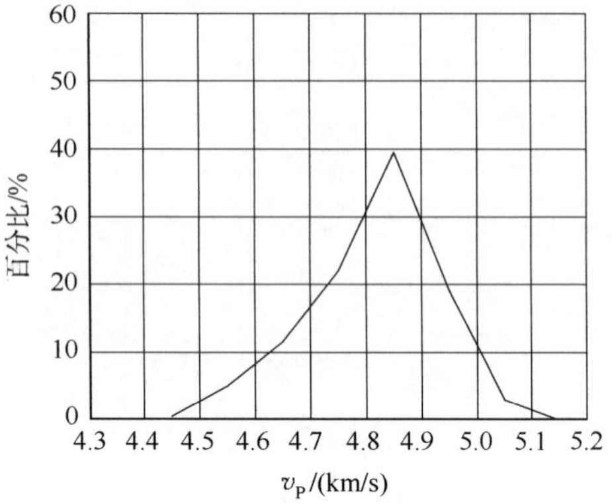

(d) 2-4频态图

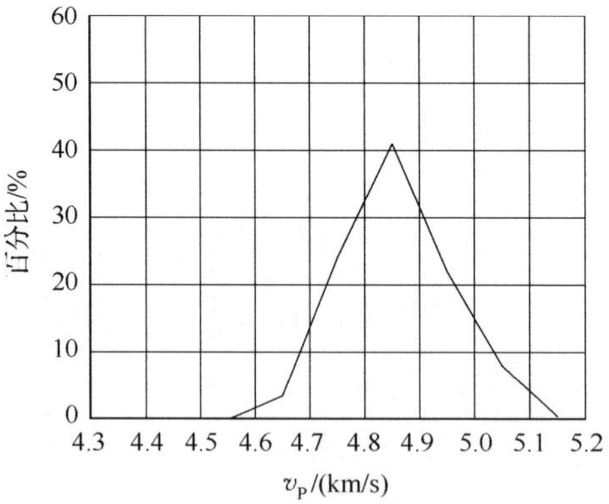

(e) 3-3频态图

图 6.16　渡槽 A2 区混凝土声波穿透同步观测 v_P 频态分布图

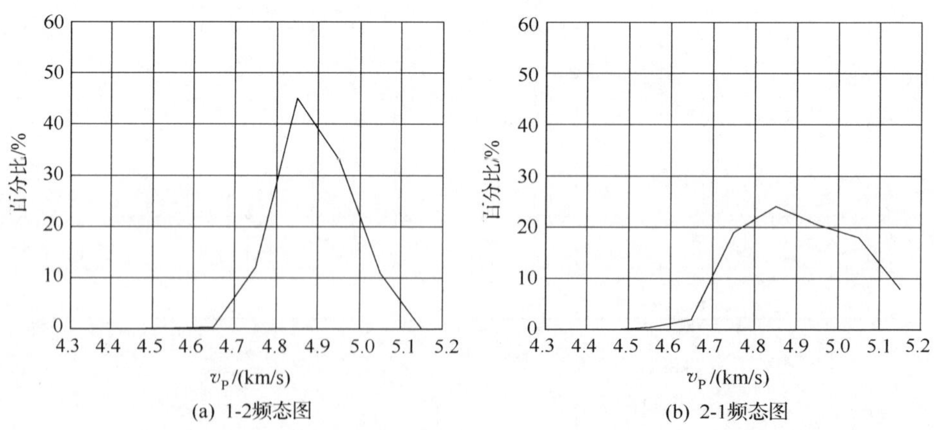

(a) 1-2频态图

(b) 2-1频态图

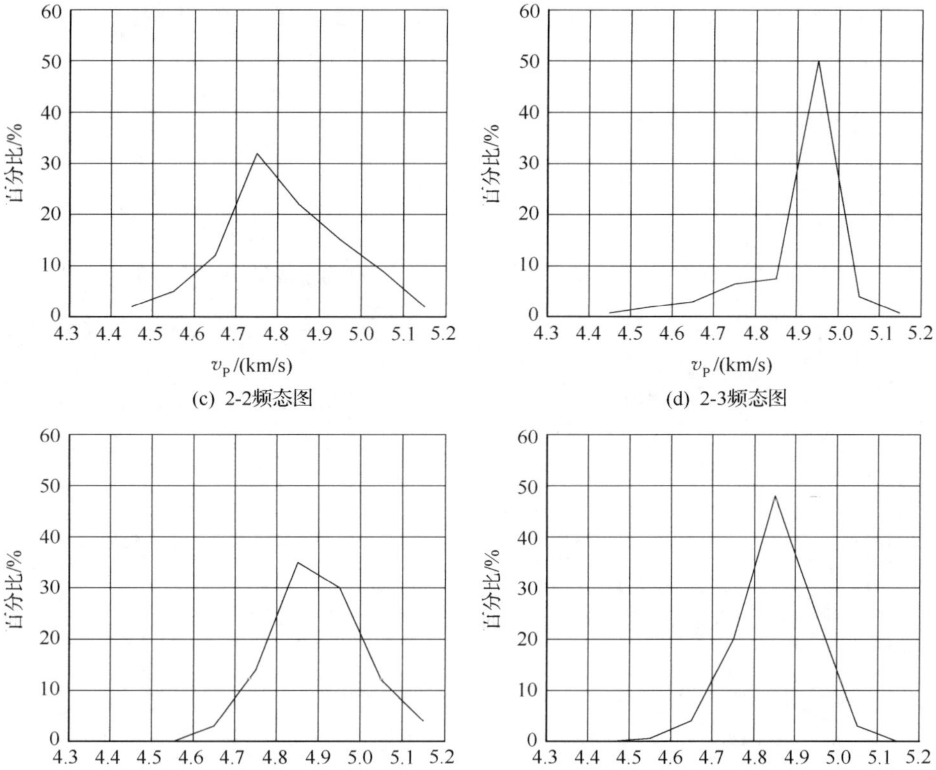

(c) 2-2频态图

(d) 2-3频态图

(e) 3-2频态图

(f) 3-3频态图

图 6.17　渡槽 B 区混凝土声波穿透同步观测 v_p 频态分布图(1/3)

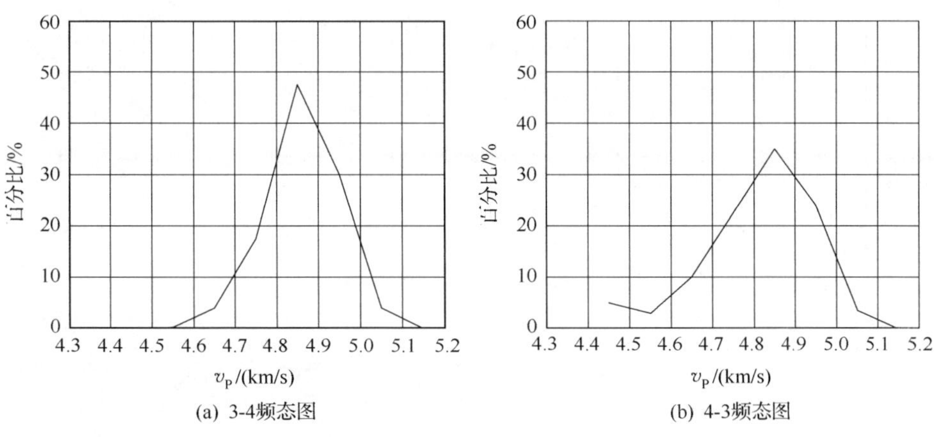

(a) 3-4频态图

(b) 4-3频态图

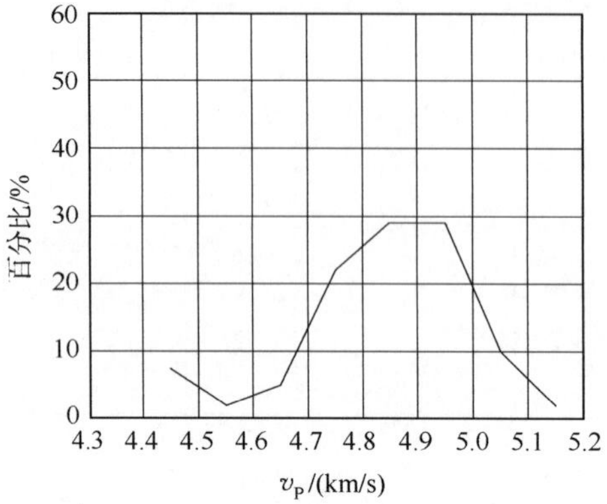

(c) 4-4频态图

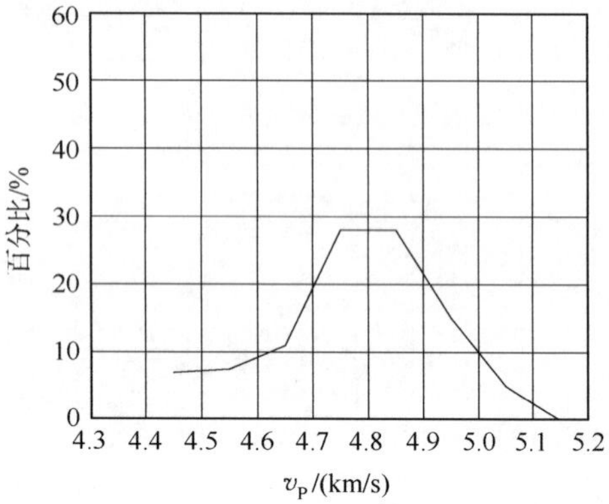

(d) 4-5频态图

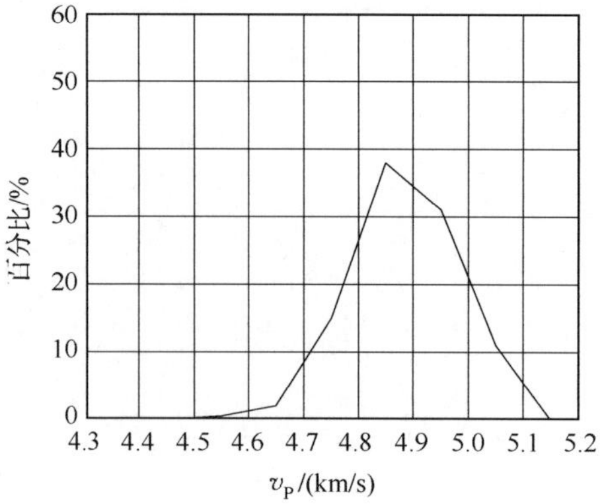

(e) 5-4频态图

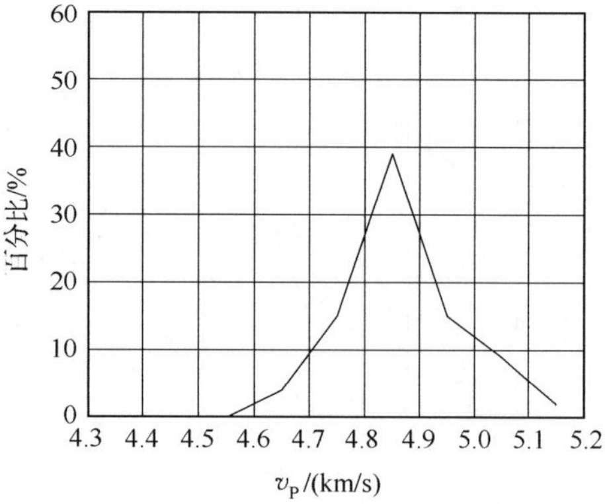

(f) 5-5频态图

图 6.18　渡槽 B 区混凝土声波穿透同步观测 v_p 频态分布图(2/3)

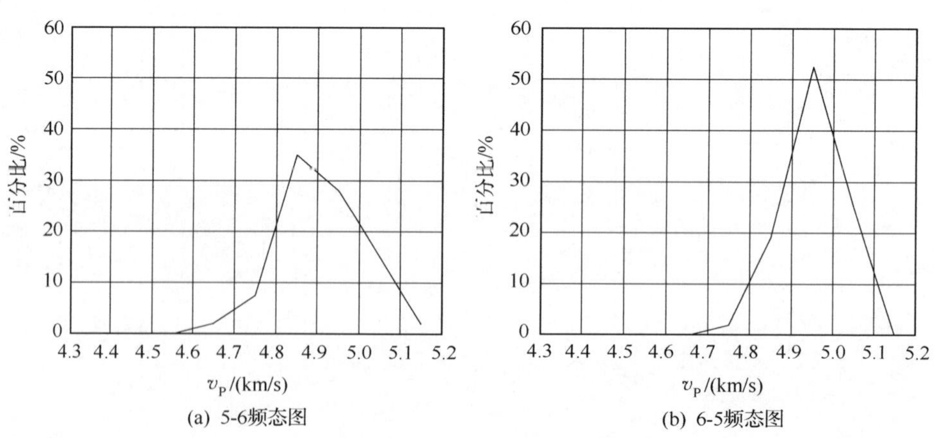

(a) 5-6频态图

(b) 6-5频态图

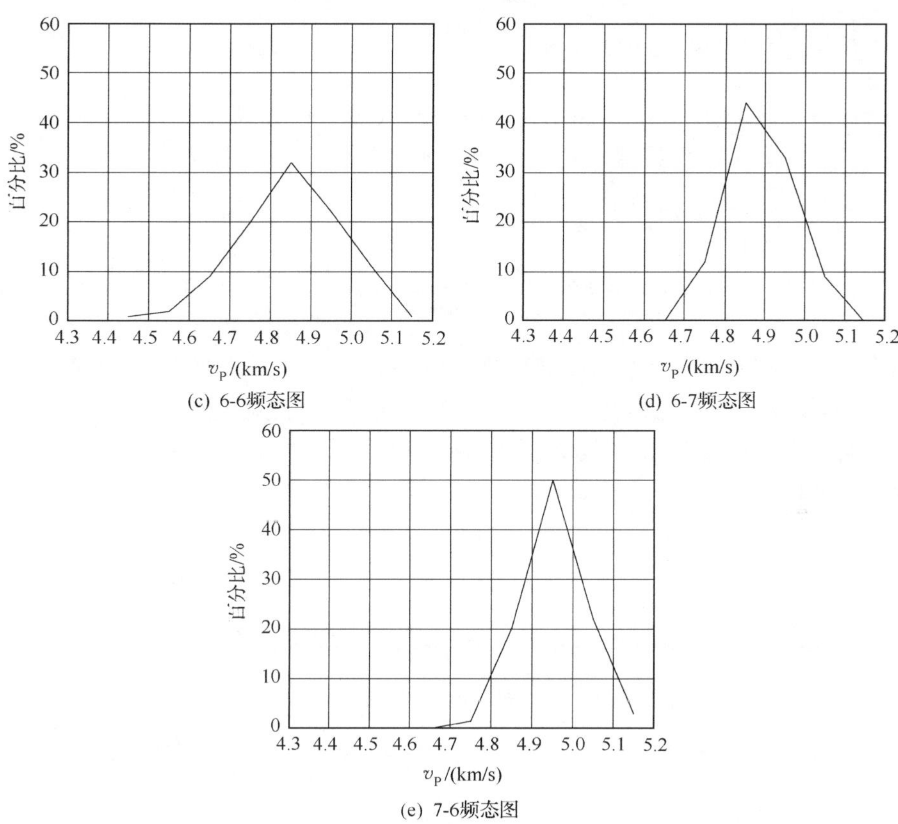

图 6.19　渡槽 B 区混凝土声波穿透同步观测 v_p 频态分布图(3/3)

图 6.20　试验渡槽声波穿透检测三维效果图(文后附彩图)

6.4.2 仿真试验槽异常区详查

1∶1仿真试验槽异常区详查声波穿透检测切面布置示意图如图6.21所示，利用Voxler软件将普查切面三维显示成像，如图6.22所示。

6.4.3 MIRA超声断层成像系统验证

在声波CT检测渡槽时推测的异常区(桩号27.6～31.6m，槽底左右各偏0.75m)底部布置了一条11×41的测试网格，每个网格水平间隔15cm，垂向间隔10cm，测试结果显示剖面前排钢筋反映清晰，上排波纹管的反映也很明显，但均发现两个蓝色区域(桩号28.6～30.0m，中心线左右各20cm)，推测为由上层混凝土缺陷造成屏蔽所产生，从而验证了CT成像的异常区。测试面分布图如图6.23所示，测试成果如图6.24和图6.25所示。

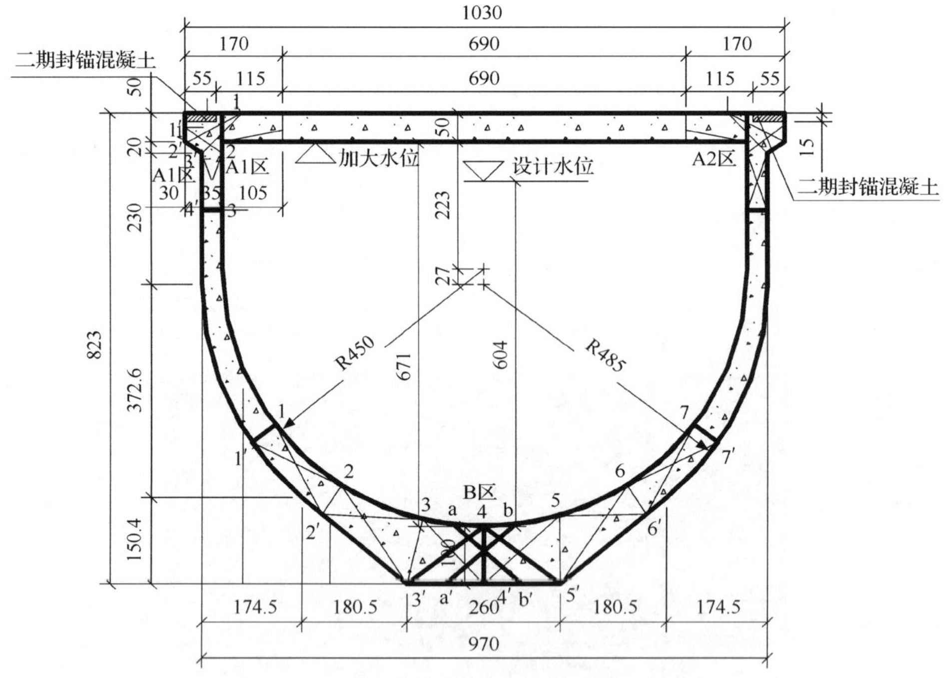

图6.21 异常区详查超声波穿透检测切面布置示意图

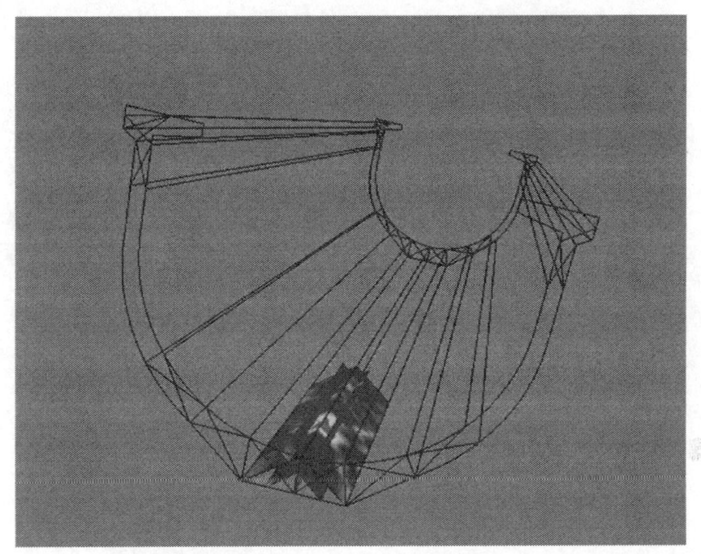

图 6.22　试验渡槽异常区详查三维成果效果图(文后附彩图)

图 6.23　测试面分布图

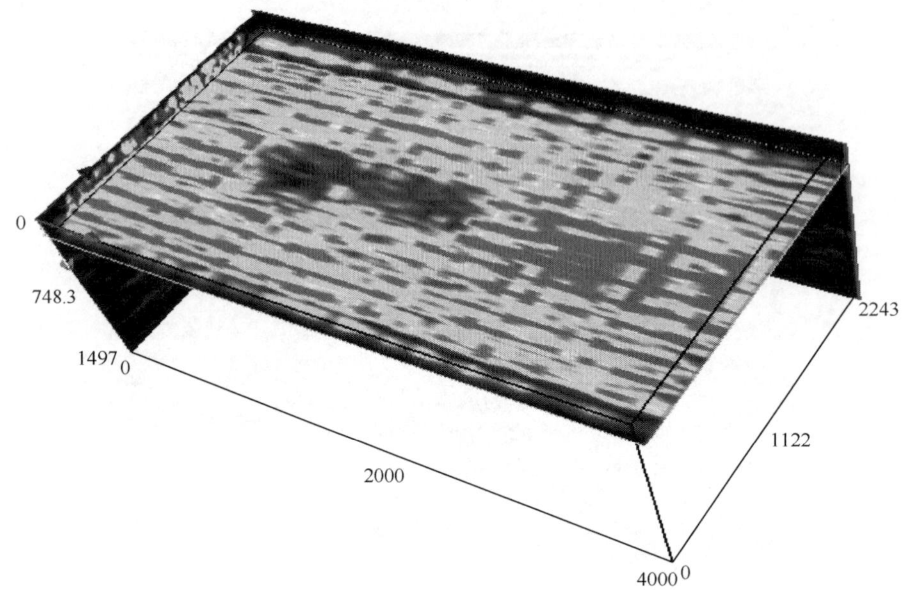

图 6.24　剖面前排钢筋(单位：mm,文后附彩图)

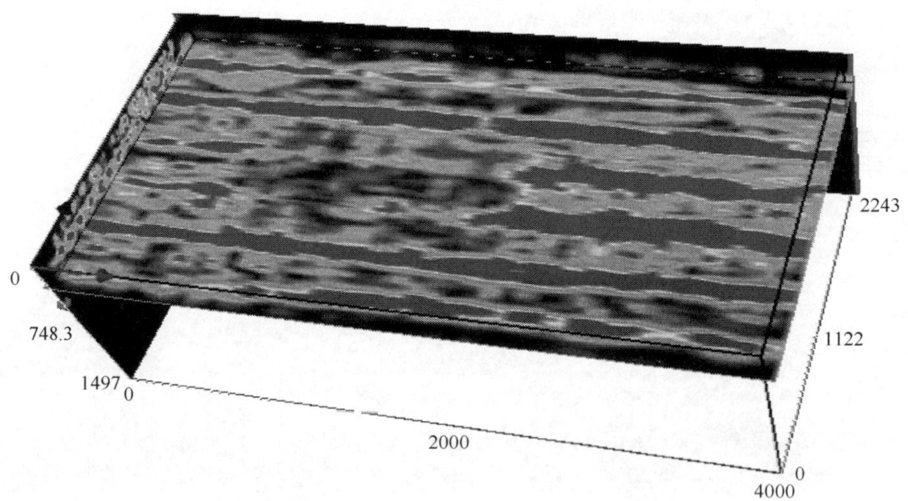

图 6.25　剖面前排波纹管(单位：mm,文后附彩图)

参考文献

[1] Bois P，Porte M La，Lavergne M，et al. Well-to-well seismic measurements. Geophysics，1972，37(6)：471-480

[2] Laporte M. Seismic measurements by transmission-apllication to civil engineering. Geophysics，1973，21：146-158

[3] Daily W D. Underground oil-shale retort monitoring using geotomography. Geophysics，1984，49：1701-1711

[4] Somerstein. Radio-frequencey geotomography for remotely probing the interior of operating mini and commercial-sized oil-shale retorts. Geophysics，1984，49：1288-1300

[5] Pratt R G，Worthington M H. The application of diffraction tomography to crossbole seismic data. Geophysics，1984，53(10)：1284-1294

[6] Bishop T N. Tomographic detemination of velocity and depth in laterally varying media. Geophysics，1985，50：903-923

[7] 杨文采，李幼铭，等. 应用地震层析成像. 北京：地质出版社，1993

[8] 徐明果. 反演理论及其应用. 北京：地震出版社，2003

[9] 王兴泰. 工程与环境物探新方法新技术. 北京：地质出版社，1996

[10] 王建军，廖全涛，曹建伟，等. 应用井间 CT 探测某桥墩基础断裂. 物探与化探，2006，30(2)：181-186

[11] 汪兴旺. 岩溶探测中井间地震波层析成像的应用. 物探与化探，2008，32(1)：105-108

[12] 石林珂，孙懿斐. 声波层析成像方法及应用. 辽宁工程技术大学学报(自然科学版)，2001，20(4)：489-491

[13] Phillips W S，Fehler M G. Traveltime tomography：a comparison of popular methods. Geophysics，1991，56：1693-1694

[14] Tian Y，Hung S H，Noletet G，et al. Dynamic ray tracing and traveltime corrections for global seismic tomography. Journal of Computational Physics，2007，226：672-687

[15] Rector J W. Crosswell methods：where are we，where are we going? Geophysics，1995，60(3)，627-630

[16] Ishii Y，Rokugawa S，Aoki Y. Seismic tomography measurements in a highly fractured area. Part Ⅱ，Geotomography，1992，2：179-192

[17] 金伟良，赵羽习. 混凝土结构耐久性研究的回顾与展望. 浙江大学学报(工学版)，2002，36(4)：371-403

[18] 赵勤贤. 混凝土结构工程耐久性研究的历史、现状及趋势. 建筑技术开发，2002，29(9)：71-72

[19] 朱金颖，陈龙珠，严细水. 混凝土受力状态下超声波传播特性研究. 工程力学，1998，15(3)：111-117
[20] Bond J L，William F K，Frangopol M D. Improved assessment of mass concrete dams using acoustic travel time tomography，Part Ⅰ—Theory. Construction and Building Materials，2000，14：133-146
[21] William F K，Leonard J B，Frangopol M D. Improved assessment of mass concrete dams using acoustic travel time tomography，Part Ⅱ—Application. Construction and Building Materiais，2000，14：147-156
[22] 袁志亮，孟小红. 井间地震层析成像技术在煤层气压裂监测的应用. 中国煤田地质，2007，19(2)：70-74
[23] 程久龙. 岩体破坏弹性波 CT 动态探测试验研究. 岩土工程学报，2000，22(5)：565-568
[24] Cheng J L，Li L，Yu S J. Assessing changes in the mechanical condition of rock masses using P-wave computerized tomography. International Journal of Rock Mechanics and Ming Science，2001，38(7)：1065-1070
[25] 裴正林. 井间地震层析成像的现状与进展. 地球物理学进展，2001，16(3)：91-97
[26] Ndet G. 地震层析技术. 冯锐，译. 北京：地质出版杜，1991
[27] 周兵，赵明阶. 最小走时射线追踪层析方法. 物探化探计算技术，1992，14(2)：124-130
[28] 周兵，朱介寿. 一种新的地震射线层析成像计算方法. 石油物探，1994，33(1)：45-54
[29] 吴律. 层析基础及其在井间地展中的应用. 北京：石油工业出版社，1997
[30] Carrion P. Dual tomography for imaging complex structure. Geophysics，1991，56(9)：1395-1404
[31] 张文生，何樵登. 约束走时层析成像. 石油地球物理勘探，1997，32(1)：68-74
[32] 殷军，冯锐. 井间层析成像的最大熵方法. 地球物理学报，1992，35(2)：234-241
[33] Wu R S，Tokson M N. Diffration tomography and multisource holography applied to seismic imaging. Geophysics，1987，52(1)：11-25
[34] Lo T W，Toksoz M N，Xu S H，et al. Ultrasonic laboratory tests of geophysical tomographic reconstruction. Geophysics，1988，53(7)：947-956
[35] Pai D M. Crosehole seismic using vertical eigenstate. Geophysics，1990，55(7)：815-820
[36] Dickens T A. Diffraction tomography for crosswell imaging of nearly layered media. Geophysics，1994，59(5)：694-706
[37] 黄联捷，吴如山. 垂直非均匀背景多频背向散射层析成像. 地球物理学报，1994，37(1)：87-100
[38] 井西利，杨长春. 一种非均匀背景的散射层析成像方法研究. 石油物探，1997，36(2)：

7-14

[39] Tarantorn A. Inversion of seigmic reflection data in the acoustic approximation. Geophysics, 1984, 49(8):1259-1266

[40] 黄联捷, 杨文采. 声波方程逆散射反演的近似方法. 地球物理学报, 1991, 34(3): 626-634

[41] Pratt R G, Coulty N R. Combining wave-equation imaging with traveltime tomography to form high-resolution images from crosshole data. Geophysics, 1991, 56(2): 208-224

[42] Reiter D T, Rodi W. Nonlinear waveform tomography applied to crosshole seismic data. Geophysics, 1996, 61(3): 902-913

[43] 王守东, 刘家琦. 二维声波方程速度反演的一种方法. 地球物理学报, 1995, 38(6): 833-839

[44] Luo Y, Schuster G T. Wave-equation traveltime inversion. Geophysics, 1991, 56(5): 645-653

[45] Bunks C. Multlscale seismic waveform inversion. Geophyeics, 1995, 60(5): 1457-1473

[46] 冯国峰, 韩波, 刘家琦. 二维波动方程约束反演的大范围收敛广义脉冲谱方法. 地球物理学报, 2003, 46(2): 265-270

[47] 钱建良, 杨光, 刘家琦. 二维弹性波方程反问题的脉冲谱——多重网格迭代算法. 哈尔滨工业大学学报, 1996, 28(1): 6-12

[48] Zhou C. Acoustic wave equation traveltime and waveform inversion of crosshole seismic dada. Geophyeics, 1995, 60(3): 765-774

[49] Vidale J E. Finite-difference calculation of travel times. Bulletin of Seismological Society of America, 1988, 78: 2062-2076

[50] Vidale J E. Finite-difference calculation of traveltimes in three dimension. Geophysics, 1990, 55: 521-526

[51] Vidale J E, Houston H. Rapid calculation of seismic amplitude. Geophysics, 1990, 55: 1504-1507

[52] Qin F, Olsen K, Luo Y, et al. Finite-difference solution of the eikonal equation along expanding wavefronts. Geophysics, 1992, 57(3): 478-487

[53] Podvin P, Lecomte I. Finite difference computation of traveltimes in very contrasted velocity model: a massively parallel approach and its associated tools. Geophysical Journal International, 1991, 105(1): 271-284

[54] van Trier J, Symes W W. Upwind finite-difference calculation of travel times. Geophysics, 1991, 56: 812-821

[55] 黄联捷, 李幼铭, 吴如山. 用于图像重建的波前法射线追踪. 地球物理学报, 1992,

35(2)：223-232

[56] Nakanishi I，Yamaguchi K. A numerical experiment on nonlinear image reconstruction from first-arrival times for two-dimensional island arc structure. Journal of Physics of the Earth，1986，34(1)：195-201

[57] Moser T J. Shortest path calculation of seismic ray. Geophysics，1991，56(1)：59-67

[58] Fischer R，Lees J M. Shortest path ray-tracing with sparse graphs. Geophysics，1993，58(7)：987-996

[59] Klimes L，Kvasnicha M. 3-D network ray tracing. Geophysical Journal International，1994，116：726-738

[60] Zhang J，Toksoz M N. Nonlinear refraction traveltime tomography. Geophysics，1998，63(6)：1726-1737

[61] van Avendonk H J A，Harding A J，Orcutt J A，et al. Hybrid shortest path and ray bending method for traveltime and raypath calculations. Geophysics，2001，66(2)：648-653

[62] 王辉，常旭. 基于图形结构的三维射线追踪方法. 地球物理学报，2000，43(4)：534-541

[63] 赵爱华，张中杰，王光杰. 非均匀介质中地震波走时与射线路径快速计算技术. 地震学报，2000，22(1)：151-157

[64] 刘洪，孟凡林，李幼铭. 计算最小走时和射线路径的界面网全局方法. 地球物理学报，1995，38(6)：823-832

[65] 张建中，陈世军，徐初伟. 动态网络最短路径射线追踪. 地球物理学报，2004，47(5)：899-904

[66] 高尔根，徐明果，王光品，等. 任意界面下的整体迭代射线追踪方法研究. 声学学报，2002，27(3)：282-287

[67] 徐涛，徐果明，高尔根，等. 三维复杂介质的块状建模和试射射线追踪. 地球物理学报，2004，47(6)：1118-1125

[68] 张美根，贾豫葛，王妙月，等. 界面二次源波前扩展法全局最小走时射线追踪技术. 地球物理学报，2006，49(4)：1169-1175

[69] Symes W W. A slowness matching finite difference method for traveltimes beyond transmission austics. 68 Ann. Internat. Mtg.，Soc. Expl. Geophys.，Expanded Abstracts，1998：1945-1948

[70] Sava P，Fomel S. Huygens Wavefront Tracing：A Robust Alternative to Ray Tracing. 68 Ann. Internat. Mtg.，Soc. Expl. Geophys.，Expanded Abstracts，1998：1961-1964

[71] Leidenfrost A，Ettrich N，Gajewski D，et al. Comparison of six different methods for calculating traveltime. Geophysical Prospecting，1999，47(1)：269-297

[72] Zhang J Z，Chen S J. Numerical modeling of seismic first break in complex media. Chi-

nese Journal of Comput Phys，2003，20(5)：429-433

[73] 韩复兴，孙建国，杨昊. 不同插值算法在波前构建射线追踪中的应用与对比. 计算物理，2008，25(2)：197-202

[74] 赵改善，郝守玲，杨尔皓，等. 基于旅行时线性插值的地震射线追踪算法. 石油物探，1998，37(2)：14-24

[75] 许琨，吴律，王妙月. 改进 Moser 法射线追踪. 地球物理学进展，1998，13(4)：60-66

[76] 张赛民，周竹生，陈灵君，等. 对旅行时进行抛物型插值的地震射线追踪方法. 地球物理学进展，2007，22(1)：43-48

[77] 吴国忱，王华忠，马在田. 常速度梯度射线追踪与二维层速度反演. 石油物探，2003，42(4)：434-440

[78] 赵连锋，朱介寿，曹俊兴，等. 有序波前重建法的射线追踪. 地球物理学报，2003，46(3)：415-420

[79] Sethian J A，Popovici A M. 3-D traveltime computation using the fast marching method. Goephysics，1999，64(2)：561-523

[80] Yao Z S，Osypov K S，Roberts R G. Traveltime tomography using regularized recursive least squares. Geophysical Journal International，1998，134(1-3)：545-553

[81] 徐升，杨长春，刘洪，等. 射线追踪的微变网格方法. 地球物理学报，1996，39(1)：97-102

[82] 陈景波，秦孟兆. 射线追踪、辛几何算法与波场的数值模拟. 计算物理，2001，18(6)：481-486

[83] 成谷，马在田，耿建华，等. 地震层析成像发展回顾. 勘探地球物理进展，2002，25(3)：6-12

[84] 杨晓春，李小凡，张美根. 地震波反演方法研究的某些进展及其数学基础. 地球物理学进展，2001，16(4)：96-109

[85] Aki K，Lee W H K. Determination of three-Dimensional velocity anomalies under a seismic array using first P arrival times from local earthquakes. Geophysical Research，1976，81(23)：4381-4399

[86] Aki K，Christoffersson A，Husebye E S. Determination of the three-Dimensional seismic structure of the lithosphere geophys. Journal of Geophysical Research，1977，82：277-296

[87] Spencer C，Gubbins D. Travel-time inversion for simultaneous earthquake location and velocity structure determination in laterally varying media. Geophysical Journal of the Royal Astronomical Society，1980，63：95-116

[88] Pavlis G，Booker J. The mixed discrete continuous inverse problem：application to the simultaneous determination of earthquake hypocenters and velocity structure. Journal of Geophysical Research，1980，85：4801-4810

[89] Golub G H，Reinsch C. Singular values decomposition and least squares solution. Numerische Mathematik，1970，14(3)：403-420

[90] Nolet G. Seismic wave propagation and seismic tomography. Seismic Tomography，1987,5:1-23

[91] Singh R P，Singh Y P. A new inversion technique for geotomographic data. Geophysics，1991，56：1215-1227

[92] Phillips W S，Fehler M C. Traveltime tomography:a comparison of popular methods. Geophysics，1991，56：1639-1649

[93] Herman G. Image Reconstruction from Projections：The Fundamentals of Computerized Tomography. San Diego：Academic Press，1980

[94] Hirhara K. Detection of three-dimensional velocity anisotropy. Physics of the Earth and Planetary Interiors，1988，51：71-85

[95] Humphreys E，Clayton R. Adaptation of back projection tomography to seismic travel time problems. Journal of Geophysical Research，1988，93：1073-1085

[96] Paige C，Saunders M. LSQR：an algorithm for sparse linear equations and sparse least squares. Association of Computational Mechanics Transactions and Mathematical Software,1982，8：43-71

[97] Scales J. Tomographic inversion via the conjugate gradient method. Geophysics，1987，52：179-185

[98] 杨文采，杜剑渊. 层析成像新算法及其在工程检测中的应用. 地球物理学报，1994，37(2)：239-244

[99] 朱介寿，严忠琼，曹俊兴. 井间地球物理层析成像软件系统研究. 物探化探计算技术，1994，62(4)：310-321

[100] 牛彦良，杨文采. 跨孔地震CT中的逐次线性化方法. 地球物理学报,1995，38(3)：378-386

[101] 曹俊兴，严忠琼. 地震波跨孔旅行时层析成像分辨率估计. 成都理工学院学报，1995，22(4)：95-101

[102] Dapeng Z，Hasegawa A，Horiuchi S，et al. Tomographic imaging of P and S wave velocity structure beneath northeastern Japan. Journal of Geophysical Research，1992，97(B13)：19909-19928

[103] Nolet G. Solving or resolving inadequate and noisy tomographic systems. Journal of Computational Physics,1985，61：463-482

[104] Spakman W，Nolet G. Imageing algorithms，accuracy and resolution in delay time tomography. Mathematical Geophysics，1988,3：155-187

[105] Press F. Earth models obtained by monte-carlo inversion. Journal of Geophysical Research,1968，73：5223-5234

[106] Kirkpatrck S, Gelatt C. Optimazation by simulated annealing. Science, 1983, 220: 671-680

[107] Ammon C, Vidale J. Tomography without rays. Bulletins of the Siesmological Society of America, 1993, 83: 509-528

[108] 裴正林，余钦范，牟永光. 小波多尺度井间地震层析成像方法. 地球学报，2002，23(4)：383-386

[109] Sambridge M S. Geophysical inversion with a neighborhood algorithm-Ⅰ, searching a parameter space. Geophys J. Int. ,1999, 138: 479-494

[110] Preparata F P, Shamos M I. Computational Geometry: An Introduction. New York: Springer-Verlag, 1985

[111] Edelsbrunner H. Geometry and Topology for Mesh Generation. Cambridge: Cambridge University Press, 2001

[112] Dirichlet G L. Über die reduction der positiven quadratischen formen mit drei unbestimmten ganzen zahlen. J. Reine u. Angew. Math. , 1850, 40:209-227

[113] Voronoi G F. Nouvelles applications des parameters continues à la théorie des forms quadratiques. Angew J. Math. , 1908, 134:198-287

[114] Aurenhammer F. Voronoi diagrams: a survey of a fundamental data structure. ACM Computing Surveys, 1991, 23(3):345-405

[115] Sibson R. Locally equiangular triangulations. The Computer Journal, 1978, 21(3): 243-245

[116] 周培德. 计算几何——算法分析与设计. 北京:清华大学出版社，2000

[117] 朱心雄. 自由曲线曲面造型技术. 北京:科学出版社，2000

[118] Joe B. Delaunay versus max-min solid angle triangulations for three-dimensional mesh generation. International Journal of Numerical Methods in Engineering, 1991,31(5): 997-997

[119] Baker T. Three dimensional mesh generation by triangulation of arbitrary point sets//Proceedings of the AIAA Eighth Computational Fluid Dynamics Conference. Honolulu: AIAA Paper, 1987:87-112

[120] 杨钦. 限定 Delaunay 三角网格剖分技术. 北京:电子工业出版社,2005

[121] Bowyer A. Computing dirichlet tessellations. The Computer Journal, 1981, 24(2): 162-166

[122] Green P J, Sibson R. Computing dirichlet tessellation in the plane. The Computer Journal, 1978, 2(2):168-173

[123] Waston D F. Computing the n-dimensional delaunay tessallation with application to voronoi Polytopes. The Computer Journal, 1981, 24(2):167-172

[124] Marcum D L, Weatherill N P. Unstructured gird generation using iterative point

insertion and local reconnection. AIAA Journal，1995，33(9)：1619-1625

[125] Shewchuk J R. Delaunay Refinement Mesh Generation. Pittsburgh，Pennsylvania：Carnegie Mellon University，1997

[126] 殷人昆. 数据结构. 北京：清华大学出版社，2007

[127] Weiss M A. 数据结构与问题求解(C++版). 2nd. 张丽萍，译. 北京：清华大学出版社，2005

[128] 方锡武，崔汉国. 有限元网格自动生成的 Delaunay 算法. 海军工程学院学报，1998，4：31-34

[129] 李世森，朱志夏，秦岭，等. 任意平面区域的自动三角剖分. 天津大学学报，2000，33(5)：592-598

[130] 闵卫东，唐泽圣. 二维任意域内点集的 Delaunay 三角划分的研究. 计算机学报，1995，18(5)：357-364

[131] 邓建辉，熊文林，葛修润. 复杂区域自适应三角网格全自动生成方法. 岩土力学，1994，15(2)：43-45

[132] 刘强. 基于二叉树思想的任意多边形三角剖分递归算法. 武汉大学学报(信息科学版)，2002，27(5)：528-533

[133] 严登俊，黄学良，胡敏强. 二维平面任意区域有限元网格自适应生成算法. 微电机，1999，32(3)：11-14

[134] 张钋，刘洪，李幼铭. 射线追踪方法的发展现状. 地球物理学进展，2000，15(1)：36-45

[135] Vinje V，Jversen E，Gjoystadal H. Traveltime and amplitude estimation using wavefront construction. In EAEG Ann. Mtg.，1992：504-505

[136] Lambare G，Lucio P S，Hanyga A. Two-dimensional mutivalued traveltime and amplitude maps by uniform sampling of a ray field. Geophysics Journal International，1996，125：584-598

[137] 肖柏勋，刘明贵. 一种新型的工程岩体探测震源——超磁致伸缩声波发射器. 地学前缘，1996，3(1-2)：198-202

[138] 朱厚卿. 稀土超磁致伸缩材料的应用. 应用声学，1998，17(5)：3-10

[139] 朱国维，王怀秀，刘盛东. 声波探测综放面顶煤厚度的试验研究. 煤炭科学技术，1997，25(12)：17-20

[140] Daubechies I. Orthonormal bases of compactly supported wavelets. Communications on Pure and Applied Mathematics，1988，41：900-996

[141] Cohen L，Daubechies I，Feauveau J. Biorthonormal bases of compactly supported wavelets. Communications on Pure and Applied Mathematics，1992，45：906-996

[142] Mallat S. A theory for multiresolution signal decomposition：the wavelet representation. IEEE Pattern Analysis and Machine Intelligence，1989，11(7)：674-693

[143] 赵学智.奇异信号检测时小波基的选取研究.华南理工大学学报，2001，28(10)：75-81

[144] 李建平.多种小波基应用性能比较.重庆大学学报，1998，21(2)：111-116

[145] 沈光寒,李白英,吴戈.矿井特殊开采的理论与实践.北京:煤炭工业出版社,1992